U0211611

"十二五"国家重点出版物出版规划项目

地域建筑文化遗产及城市与建筑可持续发展研究丛书

建筑·环境的设计创新

设计研究及实践创新

Design Innovation for the Built Environment

Research by Design and the Renovation of Practice

［德］Michael U. Hensel　主编

黄锰　李光皓　展长虹　译

哈尔滨工业大学出版社

黑版贸审字08-2015-069号

Design Innovation for the Built Environment：Research by Design and the Renovation of Practice/by Michael U. Hensel/ ISBN：978-0-415-59665-7

Copyright © 2012 by Routledge Press.

Authorized translation from English language edition published by Routledge，part of Taylor & Francis Group LLC；All rights reserved.

本书原版由 Taylor & Francis 出版集团旗下，Routledge 出版公司出版，并经其授权翻译出版。版权所有，侵权必究。

Harbin Institute of Technology Press is authorized to publish and distribute exclusively the **Chinese（Simplified Characters）** language edition. This edition is authorized for sale throughout **Mainland of China.** No part of the publication may be reproduced or distributed by any means，or stored in a database or retrieval system，without the prior written permission of the publisher.

本书中文简体翻译版授权由哈尔滨工业大学出版社独家出版并限在中国大陆地区销售。未经出版者书面许可，不得以任何方式复制或发行本书的任何部分。

Copies of this book sold without a Taylor & Francis sticker on the cover are unauthorized and illegal.

本书封面贴有 Taylor & Francis 公司防伪标签，无标签者不得销售。

图书在版编目(CIP)数据

建筑·环境的设计创新:设计研究及实践创新/(德)汉森(Hensel,U. M.)主编；黄锰,李光皓,展长虹译. —哈尔滨:哈尔滨工业大学出版社,2017.5

(地域建筑文化遗产及城市与建筑可持续发展研究丛书)

ISBN 978-7-5603-5203-9

Ⅰ.①建… Ⅱ.①汉… ②黄… ③李… ④展… Ⅲ.①建筑设计—环境设计—研究 Ⅳ.①TU-856

中国版本图书馆 CIP 数据核字(2015)第 318890 号

策划编辑　杨　桦

责任编辑　范业婷

出版发行　哈尔滨工业大学出版社

社　　址　哈尔滨市南岗区复华四道街 10 号　邮编 150006

传　　真　0451-86414749

网　　址　http://hitpress.hit.edu.cn

印　　刷　哈尔滨市石桥印务有限公司

开　　本　787mm×960mm　1/16　印张 20.25　字数 383 千字

版　　次　2017 年 5 月第 1 版　2017 年 5 月第 1 次印刷

书　　号　ISBN 978-7-5603-5203-9

定　　价　68.00 元

(如因印装质量问题影响阅读,我社负责调换)

致我的先父 Ulli. Alas,
虽然您不得不去最终的安息之地,
但我们永远怀念您。

作者简介

Mark Burry 是澳大利亚皇家墨尔本理工大学创新和空间信息中心的教授,皇家墨尔本理工大学设计院的创始董事之一,同时还担任多所大学的客座教授。他担任西班牙巴塞罗那"神圣家族"大教堂的顾问建筑师,还是澳大利亚建筑研究理事会专家组成员。他撰写了两部有国际影响的重要著作:《建筑师安东尼·高迪的工作生活足迹》和《挑战性结构的理论体系及其实践》。

自 1979 年以来,Mark Burry 作为"神圣家族"大教堂的顾问建筑师,在巴塞罗那本土设计团队中起到了关键作用。他揭开了高迪最伟大的作品中的构造策略与奥秘,特别是高迪晚年的那些有所隐喻的设计。随着这些设计奥秘的揭开,高迪作品的设计思想也完全清晰地展现出来。2004 年 2 月 18 日,为表彰他对高迪及其作品研究的贡献,Burry 教授被加泰罗尼亚安东尼·高迪艺术基金会(the Reial Acadèmia Catalana de Belles Arts de Sant Jordi)授予著名的"Diploma i la insignia a l'acadèmic corresponent"奖项和"Senyor Il. lustre"称号。2006 年 5 月,Burry 教授被授予澳大利亚建筑研究理事联合会金奖。最近,Burry 教授获得了美国计算机辅助设计协会颁发的创新研究奖。(更多信息详见:http://www. si-al. rmit. edu. au/People/mburry+Biography. php。)

Eva Castro 自 2003 年以来,在英国建筑联盟建筑学院(AA)从事教学活动,并担任学院景观城市化项目的负责人。她在委内瑞拉中央大学学习建筑学,随后与 Jeff Kipnis 完成了在 AA 的毕业设计项目。她是 Plasma 工作室和 Ground-Lab 联盟的创始人之一。她是新一代建筑师奖、青年建筑师奖、合同世界奖和 HotDip 激励奖得主。她的作品在世界各地展出。Plasma 和 GroundLab 联盟为中国西安国际园艺博览会项目的首席设计者,该博览会占地 37 公顷,于 2011 年开园。

Halina Dunin-Woyseth 是挪威奥斯陆建筑与设计学院（AHO）的教授，同时也是一位建筑师。自 1990 年以来，她一直是 AHO's Doctoral 项目的负责人。她的专业、教学和研究经验起源于城市设计和相关空间规划课题。在最近十年里，她主要参与有关设计的专业理论研究，并讲授多门博士研究生课程，指导了多名国内外的博士研究生。她还担任斯堪的纳维亚地区几个研究委员会的评审专家以及欧盟项目的评审专家。

Mehran Gharleghi 是一位建筑师，他与 Amin Sadeghy 组成联合工作室，并担任负责人。他拥有德黑兰科技大学的学士学位和建筑师学会授予的硕士学位。他的论文获得许多国际奖项，如 2009 年获得的"AA 建造研究研讨会奖"和 2010 年获得的"国际可持续建筑奖"。他曾与伊朗最著名的建筑师 Hadi Mirmiran 合作，共同为伦敦 Plasma 工作室工作。他赢得过许多比赛和设计奖项，在 2011 年格拉茨房屋建筑学会议、2009 年智能几何学会议和 AA 建造研究研讨会上做过演讲。Mehran Gharleghi 在因《与青年建筑师对话》一书接受采访时，探讨了年轻建筑师的设计角色。在 2009 年伦敦设计节上，Mehran Gharleghi 和 Amin Sadeghy 展示了他们的响应式气动系统的研究成果。

Michael U. Hensel(Dipl. Ing. Grad Dipl Des AA)不仅是一位建筑师，还是学者、作家和教育家。他是 OCEAN 的创始成员（1994），并于 2008 年担任 OCEAN 设计研究协会的创始主席。他目前是 OCEAN 和 BIONIS 的董事会成员，并担任《仿生工程杂志》(*Journal of Bionic Engineering*)的编委。他曾在伦敦建筑学院建筑联盟(AA)执教 16 年，目前担任挪威奥斯陆建筑与设计学院(AHO)的教授。他作为客座教授在欧洲、美洲、亚洲和澳大利亚进行过多次教学和讲座。他的研究方向和主要工作包括：以效能为导向的建筑结构体系、拓展生物模式的设计和建筑环境的可持续性理论及方法。他撰写了大量研究报告，并承担了在建筑和城市设计方面的课题。即将出版的著作有：《随机的性能设计——走向包容性的建筑设计方法和建筑环境》(2011，AD Wiley)和《传统建筑的可持续分析手册》(2013，John Wiley & Sons)。

Christopher Hight 是美国休斯敦莱斯大学建筑学院的副教授兼本科生辅导员，他从事建筑设计工作、并研究建筑在社会关系、自然环境和主观评价下的结构生态学方面的潜能。

Reinhard Kropf 是奥地利的建筑师和研究员，曾就读于格拉茨大学教育科学学院和奥斯陆建筑与设计学院（AHO），是 Christian Norberg-Schulz 的学生。1996 年，Reinhard Kropf 在挪威西海岸的斯塔万格与 Siv Helene Stangeland 一起创立了 Helen & Hard 建筑工作室。Helen & Hard 获得过许多奖项，他们凭借"布道岩旅馆"（Pulpit Rock Mountain Lodge）项目，获得挪威建筑和环境设计国家奖。他们的作品在世界各地展出，包括威尼斯双年展、里斯本双年展和 Manifesta 7。2008 年，他的公司被选中与其他 8 家公司一起，代表欧洲建筑工作室参加了"建筑新趋势"世界巡回展。他们已经赢得包括 2010 年上海世博会挪威馆在内的许多设计竞赛，并有不少建成作品。Helen & Hard 致力于对建筑可持续性的实践与方法研究，他们的研究及成果在欧洲、北美和亚洲等地被广泛介绍和展出。

David Leatherbarrow 是建筑学教授，担任宾夕法尼亚大学建筑学院的副院长，同时还是结构博士联盟学会的主席，自 1984 年以来他开始从事建筑设计、建筑历史和理论的教学与实践。在宾夕法尼亚大学任职之前，他在剑桥大学和威斯敏斯特大学任教。他还在美国和其他国家一些大学担任客座教授。David Leatherbarrow 拥有肯塔基大学的学士学位和埃塞克斯大学的博士学位。他的著作包括《定向结构体系》（2009 年，普林斯顿建筑出版社），《地标故事：景观与建筑的研究》（2004 年，宾夕法尼亚大学出版社）和《表面结构》（2005 年，麻省理工学院出版社，与 Mohsen Mostafavi 合著）。早期的著作包括《罕见地景：结构、技术和地形》《建筑创造的根源：场所，围墙和材料》（2002 年，麻省理工学院出版社）和《持续风化：时光中的建筑生命》（1993 年，麻省理工学院出版社，与 Mostafavi 合著）。除了这些专著以外，他还发表了 80 余篇学术论文。他致力于建筑历史和理论、园林和城市化方面的各种主题性研究,最近他的研究方向主要集中在当代技术对建筑和城市的影响方面。

Henry Mainsah 是奥斯陆建筑与设计学院的客座研究员。他拥有奥斯陆大学媒体和通信专业的博士学位。目前,他讲授关于媒体、文化认同和全球化方面的课程。他的博士论文致力于研究数字网络媒体与少数民族青年的身份确立的关系问题。他的研究方向包括文化研究、迁移研究、媒体研究、视觉文化和民族设计史。

Einar Sneve Martinussen 作为设计师和工作室研究人员,从事互动产品、技术、城市和文化研究。他拥有奥斯陆大学建筑与设计专业的硕士学位,拥有建筑学和城市规划学背景。Martinussen 的工作包括移动技术研究,交互设计和产品研发。他的研究主要围绕物理计算和材料设计技术展开,项目的细节详见:http://www.einarsnevemartinussen.com。

Andrew Morrison 是挪威奥斯陆大学建筑与设计学院(AHO)设计研究所的教授,其研究方向是跨学科设计和通信设计。他在新媒体应用话语权研究和互动交流设计领域均发表过文章,近期的著作是《多通道内部因素和数字化设计探索》(2011 年,汉普顿出版社)。Andrew 指导了 YOUrban 和 Narra-Hand 研究项目,活跃于诺德设计研究会议的学术活动中。

Fredrik Nilsson 是一位建筑师,同时又是查尔姆斯理工大学建筑理论的教授、瑞典怀特建筑事务所(White Arkitekter AB)的研发主管和合作伙伴。他在多地有授课演讲的经历,并撰写了关于当代建筑理论和哲学方面、结构体系概念理论与实践的相互作用方面的论著。Nilsson 还是几本著作、文章、建筑批评与书评的作者和编辑。

Hidetoshi Ohno 是东京大学工学院前沿科学研究生院和建筑学院社会文化环境研究系的教授。生于 1949 年,1997 年获得了东京大学博士学位。为 Fuhimiko Maki 工作多年之后,他成为一名执业建筑师,在日本有许多建成作品。他主要研究建筑设计和城市规划,出版专著《香港:备选大都市》(1992 年 3 月,SD 特刊,鹿岛建设出版研究所),《Fibercity 东京 2050》(2006 年,JA 特刊 No. 63),还有多篇文章发表在德国、法国和中国台湾地区的期刊上。

Bruno Peeters ,1968 年生于比利时,是比利时布鲁塞尔 St.-Lucas 学院建筑系教授。1993 年他在布鲁塞尔 St.-Lucas 学院获得建筑学硕士学位。在东京和欧洲为 Kisho Kurokawa 工作多年之后,他创立了自己的工作室。自 2007 年以来,他一直担任 Diploma-Projects 的董事长兼协调员,并负责新欧盟 Ausmip R&DaR 的交换项目。他的研究领域是建筑和城市设计,目前是日本东京大学社会文化环境研究专业的基金会成员。

Alfredo Ramirez 是一位建筑师,同时也是 GroundLab 工作室的联合创始人。他在墨西哥学习建筑学,2005 年攻读 AA 景观城市专业硕士研究生课程。他曾在墨西哥、马德里和伦敦的几个工作室和研究所工作过,主要致力于建筑和城市设计项目研究,如 2012 年伦敦奥林匹克运动会总体规划。在 GroundLab 工作室,他参与许多设计竞赛、研讨会和展览项目,包括深圳龙岗国际规划设计竞赛项目“Deep ground”(厚土)和西安国际园艺博览会项目。Alfredo 还是 AA 景观城市化设计大师工作室的合伙人之一,并与 Metropoli 基金会合作。

Amin Sadeghy 是一位建筑师,与 Mehran Gharleghi 一起合办工作室。他拥有德黑兰科技大学的学士学位和建筑师协会颁发的建筑学硕士学位。自 2000 年以来他一直在伊朗与知名建筑师合作,目前他在伦敦 Fosters and Partners 工作室工作。他赢得过很多设计奖项,如国际可持续设计荣誉奖。他与 Mehran Gharleghi 共同完成的论文赢得了两个国际奖项,2009 年“AA 建造研究研讨会奖”和 2010 年“国际可持续建筑奖”。他曾在 2011 年格拉茨房屋建筑学会议及 2009 年 AA 建造研究研讨会上做过演讲,他的作品被展览在阿卡迪亚和 2009 年智能几何学会议上。在 2009 年伦敦设计节上，Mehran Gharleghi 和 Amin Sadeghy 展示了他们的响应气动系统的研究成果。

Birger Sevaldson 是奥斯陆建筑与设计学院（AHO）设计研究所的教授，OCEAN 设计研究协会的首席研究员。作为一位设计师，他致力于设计和结构体系领域的工作。自 1986 年以来，他一直从事私人设计项目。他的设计领域跨度很大，从体系结构、室内家具到产品设计，还包括实验性建筑和一些与作曲家娜塔莎巴雷特合作的艺术装置。他一直致力于研究数字化设计，2005 年完成的博士学位论文是对其相关研究的总结。自 1997 年以来，他一直与 OCEAN 合作，相关论著与成果在世界各地出版发行。他提出了"面向系统设计"的概念，发表了大量关于数字化设计、设计研究方法及面向系统设计方法的论文。他曾在欧洲、亚洲和美国等地举办讲座和教学，并担任丹麦文化部国际教育评估委员会和爱尔兰高等教育与培训委员会的委员。

Siv Helene Stangeland 是一位挪威建筑师，是挪威斯塔万格的研究人员。1996 年，她与 Reinhard Kropf 一起创立了 Helen ＆ Hard 建筑工作室。Siv Helene Stangeland 就读于巴塞罗那大学和奥斯陆建筑与设计学院（AHO），是 Christian Norberg-Schulz 的学生。她曾任教多所大学，如 AHO、NTNU（特隆赫姆）、查尔默斯大学（哥德堡）和 KTH（斯德哥尔摩）。Helen ＆ Hard 建筑工作室获得过许多奖项，凭借"布道岩旅馆"（Pulpit Rock Mountain Lodge）获得挪威建筑和环境设计国家奖。他们的作品在世界各地展出，包括威尼斯双年展、里斯本双年展和欧洲当代艺术双年展 Manifesta 7。2008 年，他们的工作室被选中与其他 8 家事务所代表欧洲建筑工作室参加"建筑新趋势"巡回展。他们也曾在一些竞赛中获胜，包括 2010 年上海世博会的挪威馆。Helen ＆ Hard 建筑工作室对建筑可持续性实践与方法的研究曾在欧洲、北美和亚洲等地被广泛介绍和展出。

Defne Sunguroǧlu Hensel 是一位建筑师、室内设计师和研究人员。她目前是 OCEAN 设计研究协会董事会成员。她在肯特大学学习建筑，并在英国建筑联盟建筑学院(AA)获得学士学位及新兴技术和设计方案领域的科学硕士学位。目前，她正在攻读博士学位，研究课题为"基于木材和黏土系统的多性能集成模型"，这个课题获得了奥斯陆建筑与设计学院的博士助学基金。她获得了Buro Happold 奖学金(2006)，使她能在"复杂砖砌体"方面开展研究；因其在建筑行业的重大贡献，她还获得了 Holloway Trust Award 奖学金(2006)以及砖开发协会的 BDA 助学金(2007 年)；她因关于 Eladio Dieste 作品的详细分析和研究，获得了 Anthony Pott Memorial 奖学金以及 CERAM 工业特别奖(2007)。她的许多成果已经被广泛发表。最近她与 Ertas H.、Hensel M. 及 Sunguroğlu Hensel D. (Eds)合著了 *Turkey — At the Threshold*，该书由伦敦的 AD Wiley 公司出版发行。

Inger-Lise Syversen 是一位蜚声国际的建筑师，担任查尔姆斯工业大学建筑可持续发展和设计系教授。自 1991 年起，她一直在东非从事建筑遗产保护方面的教学工作和进行学术交流。她在2007 年获得博士学位，学位论文内容是关于"东非建筑遗产"方面的研究。自 1995 年以来，她在北欧和东非地区也从事一些硕士课程的教学研究工作。

Jeffrey P. Turko 是 NEKTON 工作室的创始人。他目前是OCEAN 设计研究协会副主席，并合作完成了多个项目，如德国杜塞尔多夫的 Landsc[r]aper-Urban Ring Bridge(指环桥)，纽约的World Centre for Human Concerns(世界人文关怀中心)以及最近完成的 MM tent(又名 Membrella))。他曾在英国建筑联盟建筑学院(AA)学习，并留校任教。目前在东伦敦大学的建筑和视觉艺术学院从事研究生教学工作，2001 年晋升为高级讲师。他自 1999 年开始设计工作，并于 2001 年成为荷兰注册建筑师。他在众多的国际建筑期刊上发表了文章和设计作品。

Julian Vincent 是一位生物学家，曾在机械工程专业担任教授

8年。他出版的图书及论文超过300种,其中涵盖了动植物的生物力学(主要是材料方面)、食品质构、智能材料及 TRIZ 技术等方面。他退休后也还一直从事咨询、兼职教授以及讲学写作等工作,同时也进行一些实验工作。他的凤愿是使仿生学成为一门新兴的工程科学,以及在纽约卡内基音乐厅(Carnegie Hall)里演奏他的五弦琴。

前　言

亲爱的读者：

　　本书汇集了一系列的研究成果，包括发展快速的设计研究项目、创新设计的改造实践以及建筑环境的建设项目。这些成果显示了设计研究的多元化，体现了学科之间的交叉融合与跨学科研究的重要性。多样化的成果，恰恰证明了在研究实践和教学过程中，逐渐形成新的协作联盟的必然性。

　　虽然书中描绘的某些成果有着截然不同的目标、范围、规模和方法，或者采用不同的理论框架，但是它们仍具有许多相同点，甚至可能是互补的特征。本书在内容的选择和编排、章节的设置上依照特定的序列，以保证内容精简，同时做到章节之间的紧密联系。

　　但遗憾的是，由于时间关系，相当多的杰出专家的重要成果未能收录在本书中。还有一些成果受到版面的限制，不能得到充分的展现。本书的目的并非是要打造成一本百科全书，涵盖目前所有的研究方法和成果。本书的意图仅仅是对目前课题做一个深入细致的探讨与回顾，希望成为相关系列出版物中的一部分。此外，我们还希望这些成果能有助于加深对设计研究的理解，这并非是一个未知的领域，而是一个多元的世界，有着鲜明且迥异的地域性特色的世界。本书将会是解开谜题的一把钥匙。总之，我们希望这是一本信息丰富且鼓舞人心的书，希望本书的出版能对建筑及其环境的设计研究与设计创新有促进和启发的作用。

Michael U. Hensel

Holmsbu，2011 年 6 月

致　谢

我真诚地感谢那些与我们有着共同理想和追求，且对我和我的同事有着重要影响的人们：Robin Evans（已故）、Hassan Fathy（已故）、Jeffrey Kipnis、Frei Otto、Julian Vincent，还有 David Attenborough 和 Werner Herzog。没有他们的支持和努力，就不会有本书的问世。

我要把诚挚的感谢送给本书的编著者们，他们中的一些人是我的长期合作伙伴。还要感谢 Caroline Mallinder，她的建议对本书起到了至关重要的作用。同时，要非常感谢 Routledge 出版社的 Laura Williamson 和 Alanna Donaldson，以及 Sarah Fish、Ann King、Caroline Hamilton 和 FiSH，感谢你们坚持不懈的努力与合作。

最后我还要感谢我的妻子 Defne、我的母亲、Jojo 与 Donny 对我的关爱、理解与支持，因为你们，我才可以有充足的时间和精力做我该做的事情。

内容简介

Michael U. Hensel

当有了解决方案时,困难就不再是一个真正的困难。

当有了答案时,问题就不再是一个真正的问题。

因此可以说,困难是解决方案的一部分,答案是问题的一部分。

没有困难就没有解决方案,没有问题就没有答案。

啊,什么是快乐时光?是我们有问题没有答案时,是有困难没有解决方案时!

(Baudrillard 1990:223)

本书介绍了关于建筑环境设计创新的系列研究成果。从一个极其广泛和多元化的领域中挑选出有贡献的研究成果,是一项具有挑战性和启发性的任务。正如著名的德国建筑师和学者 Frei Otto 所描绘的那样:

新的大型生态建筑的任务需要整体性和综合性的思维方式和设计方法,尤其在处理大尺度的作品和关键技术组件的问题上。在大多数情况下,即使是最好的建筑师或是有艺术天赋的工程师也没有能力来应对这些挑战。

当今,无论是建筑师还是工程师都很少开展有意义的相关研究。他们几乎不涉猎人文学科或自然科学,他们更不会设法运用医学、生物学或动物行为学等去解决问题,即使是公共区域的建设项目他们也不愿努力达成最佳。直到现在,建设行业也仅愿意支持那些能带来短期效益的研究项目。

为了提升建设的质量,跨学科的基础研究必须立即开始,并且需要几代人的努力才能实现长远目标。

(Songel 2008:13)

目前,判断建筑师或工程师是否在开展有意义的研究,既取决于评价标准，也取决于是否采用了有效的研究方式及成果产出方式。许多建筑师或工程师可能不会同意 Frei Otto 的观点，但如今设计研究的需求已经变得无处不在。越来越多的从业者断言实践就是研究。相反，越来越多的专家们开始拒绝这一观点，他们认为通过常规的设计工作模式或获取必要的信息即可实现设计方案，比如打电话给承包商获得关于材料的信息。但 Frei Otto 不认为这些活动是"有意义的研究"。相反，他呼吁建立一个集成的和跨学科的方法，这种方法的研究目的和标准是由同时期复杂的生态和生物需求决定的，这种方法要考虑建筑环境的长远后果和意义，并且要根植于人文科学和自然科学中。Frei Otto 呼吁加强人文科学和自然科学的研究，从本质上阐释建筑研究的特定模式和相关知识的产生。这些模式是否能够直接适用于建筑环境设计的创新，或者是否需要某种中间过渡模式或修正的模式？这是当前设计研究的概念开始起作用的原因，因为他们能在人文、实证（社会和自然）、学科交叉等不同研究模式之间建立内在的联系。随着时间的推移，这种认识导致了新的交叉学科与跨学科的研究方法和成果产出模式的出现，正如本书作者在相关章节指出的那样。

为了验证这些成果，本书精选了近几十年来在设计研究领域中出现的一些重要工作与成果，以促进建筑环境设计创新。本书的目的不是提供百科全书式的信息或是想要涵盖目前所有的研究方法和成果，这样做是不现实的。这不仅因为近年来涌现出大量的设计研究活动，还因为多样化的加速和跨领域设计研究成果的集聚，使得设计研究的项目无处不在，同时也使设计研究组织和建筑环境实践得到更多关注。所有这些都意味着设计创新领域的设计研究是多样化的和不断发展的。虽然设计研究给人的感觉是零散的，还未形成明确的研究模式，但是本书意在证明确实有大量的观点和任务可以被列在设计研究的范畴内。本书中的许多方法也有助于我们探索设计研究的一般性涵义。

本书内容横跨多个领域——从微米级的材料到城市设计。大多数案例几乎都具有跨层级和多学科交叉的特点，它们在解决复杂的设计研究问题上有共同的目标和方法。最近，复杂性理论和系统思维理论已经影响到整个建筑学理论。这往往需要摒弃根深蒂固的意识,摒弃惯性的研究模式和陈旧的方法,努力发现有意义的设计问题及相关的研究模式及方法。因此,提升研究问题的质量和复杂性,应该是"设计研究"方法对建筑环境设计创新最重要的作用。本书致力于阐明前述问题的某些层面,并就其开展富有成效的讨论。

参考文献

Baudrillard J.（1990）*Cool Memories*. London：Verso.

Songel J. M.（2008）*A Conversation with Frei Otto*. New York：
Princeton Architectural Press.

目 录

1 关于"设计研究(Design Research)" ································· 1
 David Leatherbarrow

2 向生态设计迈进:相关领域和知识本体 ······················· 11
 Christopher Hight

3 建筑和城市设计中的"设计研究"方法的起源 ·················· 33
 Halina Dunin-Woyseth , *Fredrik Nilsson*

4 在设计教育、研究和实践中应对跨学科所面对的挑战 ······ 51
 Mark Burry

5 迈向新的专业教育和实践 ··································· 67
 Hidetoshi Ohno and Bruno Peeters

6 Reality 工作室针对"复杂性"的设计研究工作 ·················· 81
 Inger-Lise Syversen

7 OCEAN 学会的设计研究工作··································· 95
 Michael U．Hensel , *Defne Sunguroğlu Hensel and*
 Jeffrey P．Turko

8 以系统论为导向的建筑环境设计方法 ······················· 113
 Birger Sevaldson

9 基于"性能导向"理念下的建筑设计研究创新 ··············· 129
 Michael U．Hensel

10 RCAT 开展的以"性能为导向"的建筑设计研究 ············ 153
 Michael U．Hensel

11 生物学对建筑师的启示 ································· 169
 Julian Vincent

12 具有关联性的几个设计项目 ··························· 181
 Siv Stangeland and Reinhard Kropf

13 专注于设计研究的 Integrate 工作室 ························· 201

Michael U. Hensel 对 *Mehran Gharleghi* 和 *Amin Sadeghy*
的访谈

14 城市设计中的土地复合化高效利用 ······················· 217

Eva Castro and Alfredo Ramirez

15 建筑环境设计与通信设计:移动资讯文化与城市 ········· 235

Andrew Morrison and Henry Mainsah

16 城市非物质景观的具象化研究:以 Wi-Fi 网络为例 ········· 253

Einar Sneve Martinussen

名词索引 ··· 268

译后记 ··· 300

1

关于"设计研究(Design Research)"

David Leatherbarrow

> 科学和艺术的真谛,犹如游走于迷宫之中,曲折崎岖且没有常规路径可循。
>
> ——让·勒朗·达朗贝尔(Paris,1751)

> 经验事实常常为科学家设立外部条件,使他们受限于以往的认知体系和常规概念;科学家既需要有像投机者那样肆无忌惮的态度,又需要有学者般系统而严谨的认知。
>
> ——阿尔伯特·爱因斯坦(Schilpp 1951:683)

> 科学根本没有赤裸的事实,进入我们的认知领域的事实已经被看成一个特定的方式,因此形成了概念的本质。
>
> ——费耶阿本德(Feyerabend 2010:3)

建筑学领域内的设计研究绝不能作为业务宣传或者商业推广的新兴工具,就项目的本质而言,它是在一个全新的建筑文化领域内,重新定义了该学科核心任务的一个方向。当一些新的主题引发了一系列的讨论时,随之而来的是兴趣与研究的快速退化,原因是想法不够新颖或者承诺不够现实。即便如此,设计研究也希望找到这些主题出现的时代背景、理论根源和实现的有效途径。

当今的建筑师和教育理论家对设计研究的普遍理解是:建筑设计不仅仅是一种专业实践,同样也是一种科学形式的探究,是当今世界研究学科谱系中的一部分。传统的学科划分是众所周知的,自然科学中的重点研究领域包括物理、化学和生物学等,人文科学包含社会科学、经济学、政治学和社会学等。同时,医学、工程、法律等是贯穿多领域的综合应用科学。建筑学更类似于后一种类型,这些学科同时也形成了多种社会职业。建筑学领域的问题同样跨越了学科范畴,涉及绘图、城市设计、景观规划、甚至文学和诗歌等方面。此外,建筑学在艺术实践层面的非科学性和无目的性也并非全无意义,至少有的现代美学家认为,美本身就是存在,就是奖赏。需要注意的是,自然科学、社会科学和艺术这些学科分类和它们定义的术语一样,经常遭受争论和滥用,同样,前文提到的词汇——"设计"和"研究"也有类似处境。

设计与研究的矛盾性

设计研究的概念在建筑学中呈现出新的活跃态势,一个原因是这两个术语似乎矛盾,至少在存在已久的概念中是这样的,事实上两者似乎的确存在不同的目标和方法,在时间度量上也有差异。

首先,就目标而言,设计意味着创造新的东西。它涉及创造性成果,不是重复执行的任务。设计者的劳动是有本质上的进步的,推进并超越已有的条件,而不是稳定不变或者对已有工作的再次重复。设计工作是体力和脑力共同努力的结果,具有不可预见性;重复性的工作方式往往是行不通的,因为其产品是可预知的。研究与设计相对,它是对真理的研究,探索科学问题一般始于假设,即便它的存在本身就是假定的。虽然事实的真实性可能会被隐藏,但是通过研究可以发现它们,因为它们已经在那里等待被发掘或是被记录整理。探索新的科学问题,研究者必须遵循客观规律,摆脱偏见,挖掘那些容易被忽略的条件,发现超越范围的分界点。研究的方法意味着探究现象本身,是观察而不是传承,是跨越科学的过程和方法,而且直接对准设计的生成结果。

其次,设计和研究达成目标的过程也表明了它们的对立性。设计的过程中有许多无法预见的可能性,设计者创造了原型,并在其作品中留下了印迹。不可否认,研究、思考和试验有时会为创新工作创造条件,但过去的经验总结并不意味着一定会有突破。设计过程像是受到命令的意志行为,通过坚定信念变得强大,受到启发后令人愉悦。研究正好相反,如果没有有条不紊的、长期而细致的训练与方法,最终将一事无成。如果将自然科学看作一个模型,那么需要采用严肃认真的研究程序,并遵循计划进行。再者,研究受现实的基本观念支配,这样,其他的研究者就可以遵循同样的程序并得到同样的结论,其结果的有效性取决于一系列非主观性的、显而易见的信息传达。如今的研究包含了团队间的合作模式,研究中的观察并不意味着传承,它的方法永远不会只是自我封闭式的。激情可能会驾驭研究,但它永远不会像创造性表达一样,体现出个人主观的理念和行为。

再次,设计和研究相互对立的第三个原因是两者的操作时间不同:设计描绘的是未来,而研究更关注现实的应用。如果设计的生产力被视作计划,如果将未来拉回到现在,或者被视为在之前已经被安排好的,在"还未发生"和"现在"之间将建立起桥梁。但是我们无法忽视两者的对立性:设计不是研究计划,不总是或不仅仅是,设计具有虚拟性和不确定性,并且始终充满想象。而另一方面,研究始终坚持已有的状态,对时间没有要求。因为它关注眼前所有的现实,特别是在现象表面之下和之后的东西,即挖掘真相。由于历时性和共时性的不同,研究和设计似乎总是不可调和的。

改进和发现

前面的评论是对当今实践结果的总结,我们得出的结论是,设计研究的前景没有想象的那样令人振奋。无论评论是否准确,他们还是描述了两类实践。设计从来不是循规蹈矩的,研究也未必是客观正确的。在创作实践中所设想的可能性,只有在它们被理解为真实的可能性时才会具有说服力。严谨的观测工作,也只有在发现未知的现象时,才会体现出其真正的洞察力。最终,建筑学的发展总是趋向于目前不存在的条件,由于学科惯性,致使空间和环境设计总是保留之前方案的要素和特点,即使最先进的居住模式也不例外。

在建筑学中有两个常用术语——改进和发现,它们能够帮助我们更加了解和接近设计与研究,并帮助我们找到二者融合的可能性。

在不改变现有条件的基础上，产生全新的建筑物是不可能的（Gregotti 1996：67）。一些建筑设计的重要课题，比如场地、程序或者建筑材料等，都可以理解成对"已经存在事物"的改进工作。例如，在工作开始前，必须在项目的建设地点对当地材料进行研究，以保证施工的可行性。专注于现有的场地和材料，即使在同一设计周期内，也会改变创作主题的部分前期特征。再者，项目建成以后，创意的某些方面会偏离初始设定的目标，而场地和材料却不会完全改变，即使倾斜的土地被拉平，地下的地质条件也不会改变。同样的道理，被锯过的石料，铺过的沙子，或者染过色的木材也仍然显示出自身的纹理。建造过程中的改变可能是明显的，但不是绝对的，项目的改变也是如此。新的项目研究当然能提供新的住宅类型，但只有在经费投入充足的条件下才合乎情理。城市建筑设计过程中，方案修改是不可避免的，如建筑立面和朝向。依据场地和材料改进的设计，其主题既不限制创造性也不是对发散性的约束，事实上，制约中的发散思维往往决定了方案的特色化程度。

改进就是设计，发现就是研究。研究的深度决定了发现的程度，先有研究后有发现，只有迷信才推崇发现结果先于调查研究，这一点已经被现代科学充分证明过。如今的研究并不能片面地理解成对经验现象的静态观测，而应理解为发现和揭示过程中的行为模式与控制方法。"行为科学理论"中的一个著名观点是"建构实在论"（Wallner 1994；Spaulding 1918），它认为实践型的科学家并不对现象进行描述，却推动了建设的实现。真相不仅是被观测记录的，同时也根据条件变化。Fritz Wallner 认为："我们理解我们所建设的，但除此之外的无法理解。"（Wallner 1994：23）这个理论非常接近于 18 世纪 Giambattista Vico 的辩证理论，尽管长期存在关于"客观性"的假设争论，我们也不应该对这个词感到困惑，因为它已经成为近 3 个世纪以来现代科学的基本前提。

设计研究的过去和现在

如今对所有领域的研究热情都源于悠久的传统。近 2 个世纪以来,学术的中心已经从学问转向研究,最近提出的复兴权威研究的号召,也证实了与之对应的实践活动的快速发展。18 世纪末,Wilhelm von Humboldt 发起的大学教育改革,意味着这种转型的全面胜利。他把知识传承的过程定义补充为"未被完全发现的科学的过渡"(Gadamer 1992:48)。大学教授仍然进行教学活动,但是学校应该通过研究成果衡量其知名度。高等教育的知识传递是非常必要的,仅靠学问的进步是不足以满足社会的巨大需求的。

对传统理论知识的摒弃运动也发生在校园之外,早期现代主义的建筑师们发起对学院派的攻击,确立了全新的理论与实践起点。Le Corbusier 对学院派的谴责是最为著名的,其著作《精确性》的第一章为寻求新建筑风格的人们奠定了理论基础:"从学术思想中解放出来"(Le Corbusier 1991:24ff.)。为"新世界"提供"新精神",他将自己的学习研究看作 25 年来"一步步探索"的结果(Le Corbusier 1991:25)。他主张必须承认"教条",但是他坚持公开检验他的理论,依照逻辑法规进行,并达到忽略学问的程度。这同样也是我们应走的第一步,应当放弃"过时的习惯"才能"进入未知世界、构建新的思想态度",这意味着将他自己从"学院派的万能机制"中解脱出来。为了让我们明白什么是该避免的,他提出了学者的基本特征:①不自我评价;②无须检查原因就接受结果;③相信绝对真理;④不考虑过去的问题。最后一条是最让人无力抗拒的,因为学院派口号和服从制约的行为都将扼杀创造精神。耐心的研究者能够观测现象并分析解决它们,对于这样的研究者来说工程师是最佳人选。虽然他从未认为这对建筑学来说是必然的,但他将自己的工作室明确描绘成"研究问题的车间",事实上他工作中的形象也始终在科学家、艺术家和修道士之间徘徊。

现代主义中的设计研究并不是破除旧规的运动,也并非始于20 世纪,而是出现在 17 世纪末。当时各个学校开拓了探索科学的分支:观测、描述、逻辑推理和公正性调查。Claude Perrault 反对无价值的旧规,他批判"文人的顺从",因为"顺从的思想在他们的学习方式中根深蒂固"(Perrault 1993:58)。很显然,他们的顺从在几个世纪以来已经变得很普遍了。修道院的学者们保护知识免受时间和战争破坏的精神是值得称赞的,但他们对神的信仰约束了他们的探究精神，并限制了"谨慎研究的权利"，神圣的东西不像建筑学那样需要检验、批判和谴责，因此他们应得的赞赏也随之改变（Perrault 1993：57-58）。

根据我们的理解，17 世纪建筑学教条主义摒弃了过去几十年的旧规，是对以往全面的攻击结果，这种争辩也为如今达到如此高度的研究打下了稳定基础。Bernard Palissy 也许是记录这场运动起源最深刻的见证人，他不仅是一位伟大的科学家，同时也设计喷泉、公园、岩洞、陶艺和雕塑等。他令人赞赏的主要原因是对巴黎大学学者们长期猛烈的攻击，"我向你们保证，亲爱的读者，你们将从《'创作室'记录的研究结果》这本书中得到更多的自然历史知识，这比研究 50 年古代哲学家的理论得到的还要多"（Palissy 1957：26-27）。他的工作室的另一个重要研究方向，是在他们有条不紊的精密部署下，引导来访者自觉跟随 Palissy 的步伐进行自主探究，以得出相同的研究结果。虽然传统理论可能遭到质疑，但采用的研究方法是可信且值得借鉴的。

虽然在工作室中进行研究看似奇怪，但是确实有一些科学成果是在大学范围之外取得的。近几十年来，我们目睹了研究中心、研究所和基金会的稳定发展，其中一些与学校关系紧密，另外一些则是独立操作的。很多毕业生遇到在研究中心和学校之间选择工作的难题，也就是在基础科学部门和应用研究部门之间的抉择。基础科学工作甚至已不再是研究机构的工作重点，相关的教学工作就更得不到重视，因为受到经费支持的往往是非研究性工作。工业化导致的大规模且彻底的社会转型，已经对大学造成了和现代生活同样多的影响。当今从事研究的人都明白，资金决定研究项目的领域、设置以及人员的构成。前沿研究如果得不到外界的支持，将无法进行。

在很多领域中，学术界和产业界都形成了紧密的联盟关系。表面上是互惠互利，但实际上获得的支持中往往也允许附加一些特权申请，本来有区别的活动范围现在也完全互相渗透了。例如，在医学院的研究方案中，通常被认为是产业的延伸研究，而非学术理论的跨界。公司不只是提供资金，通常还会提供课题。但是学院和商业的结合也并非完美，因为科学的本质目标、对进展的理解、思想的独特风格、自由的探讨(申请的独立性)和批判(包括自我批评)都遭受了实践的破坏。当代研究中心进行的应用试验是否可以描述为科学探索,是我们现代科学家应当回答的问题。

从客观事实到或然性

四十多年前,20 世纪伟大的物理学家 Werner Heisenberg 对研究领域提出了警告,针对由自由探讨到应用研究的转变,他写道:"在从前,艺术和科学是文化上的装饰,这种装饰在繁荣时期被欣赏,却不得不在萧瑟时期被遗弃,因为其他的顾虑和义务需要优先考虑"(Heisenberg 1974a:91)。而今天恰恰相反,研究成了"经济繁荣、国家事务权力机构以及国家健康发展的根源"。Heisenberg 在第二次世界大战以后,只进行了十年左右的写作工作,他对 20 世纪的现代科学并非完全有信心。他担心科学和技术对世界修整的巨大影响,远不止是"带来的是破坏而非秩序"(Heisenberg 1974b:65)。事实上日本遭原子弹袭击事件仅发生在 15 年前。虽然科学可以减轻欲望、治疗疾病或者得到军事胜利,如果科学未被理解为更高层次事物的组成部分,那么它将带来混乱。从历史角度看,对高阶事物的探究是科学的主要目的。

相比其他的现代科学家,Heisenberg 更能理解科学在现代时期经历的根本变化,科学更看重毫无保留的、拥护公正和客观性的观念,而不只是变化。他所描述的从封闭到开放系统或从必然性到可能性的转变引人入胜,因为它为科学学科和其他我们认为的非科学性的学科(例如建筑学)指出了共性。

Heisenberg 解释到:艾萨克·牛顿的抱负远不只是发现自然现象并建立数学定律而已;相比之下,他想将力学定律解释为一个普通的学科。这个计划如此之成功以至于在接下来的几十年里,其他科学家都采用了这个观点:普遍现象的本质和表现方式都可以用这些定律解释。Heisenberg 认为这些方法与学说的威信如此之高,以至于在 19 世纪力学和科学完全可以共存,例如,天文学可以看作天体力学,电磁学可以作为力学研究现象的一种结果。在那个世纪的最后几十年里,这个方法体系开始出现分支,包括光速、核粒子运动、化学键作用等。追溯历史的细节,相对论和量子力学的出现,其重要性均不如 Heisenberg 提出的概括性的言论,他坚持认为这一"牛顿定律是错误的,因为它不能解释场现象"的言论是不正确的。必须驳倒"经典力学是一贯自我封闭的科学理论"的论证,在采用这一观念时,应当对其做客观的修正,但前提是已找到适用的场合。

像这一毁灭性的结论可能已经成为思维惯性,结论是非常明了的:像牛顿这样的封闭理论未包含对经验世界的肯定(Heisenberg 1974a:42-45)。"客观事实"仅在一定程度上能用数学表达,更大程度上是一个多种可能性的集合。从这一点开始,概率、可能性和潜在事实的概念将占据科学理论演绎的中心。

设计方案的生成

设计与实践被看作互为投射的活动时,可以理解成是科学研究的一种形式。首先,在现代物理学中,"测不准原理"是一条首要的原则。Heisenberg 认为:粒子的位置和动量不能被同时准确测量,因为用于测量的粒子对测量会产生干扰。

建筑设计方案的生成可以视为一个不断假设、修正、诠释和表达的过程。新出现的技术和工具(尤其是 BIM 工具包)声称可以使设计周期缩短,提高效率。不管事实是否如此,这些新技术对当代建筑实践确实产生了很大的影响。到最终方案的图纸生成阶段时,实际上大部分的设计工作已经完成了,但最终的图纸却体现不出设计方案产生过程的细节。当最终方案确定并以图纸的形式呈现出来时,也即意味着方案从设计过程中存在的各种可能性的纠结中解脱出来。

正如科学中的各种可能性一样,建筑方案在一定范围内也存在多种可能性。可以说,任何一个方案都不是完美的,永远只能实现所谓的完美方案的一部分。在确定最终方案之前,设计必须经常性地重审自身,一部分是迫使自己远离现状,另一部分是维持不变,在两者间持续产生张力。依据发生的条件和即定的原则,"否定"和"固守"在设计过程中不断发生着。

　　对建筑方案是否达到完美程度的判断,不会比判断科学成果的准确性更有把握。我们不能说方案的形成是随机的、偶然的,但确实最终结果经常与最初设想相去甚远。当最终方案形成后,回头审视时,一切似乎顺理成章,但在设计过程中,前进的方向却经常是不明确的。设计可以被描述成一种自我创造的盲目逻辑,它的过程经常是百转千回的。也许这可以看作是机遇和推断的混合:必须抓住机遇,因为重复给不了我们结果;而推断必须介入,因为要时刻关注我们最初要解决的问题。这样的过程不太需要预测和计算能力,但需要对各种可能性具有敏感性。

　　设计也要求对可能出现的结果保持审视的态度。建筑学中的理论趋向于更加自由,因此问题的解决也更加纠结。项目设计与实施过程中超越了所给的条件,它并非是止步于技术门槛的"试验",也不是源于环境保护的附加条件。项目制作要求突破自身技术的限制,更倾向于非自身技术的拓展,它试图改造非常规的程序,去揭示世界不可见的可能性。建筑项目的过程有一个隐藏的线索,就是向着超越假设和更适宜的设计研究靠拢。方案的设计研究包含以下 4 个前提:

　　(1)当掌握科学研究的实践方法,并在项目创作中被充分理解和运用时,建筑学在研究领域的定位将不再是问题。

　　(2)在设计研究中,知识通过创造性的实践而非技术性的程序表现出来,不论技术有多先进,主体的思想观念和技术理念之间还是存在差异的。

　　(3)对于传承文化的附着力,如果受到根深蒂固的传统约束,不论被完全切断还是被毫无保留地接受,都将成为变革的误区。

　　(4)设计研究的重要现实问题是:建筑能够找到它的定位,并植根于历史的、文化的和自然的土壤之中。

参考文献

Feyerabend, P. (2010)*Against Method*, London: Verso.

Gadamer, H.-G. (1992) 'The Idea of the University',*On Education, Poetry, and History: Applied Hermeneutics*, Albany: State University of New York.

Gregotti, V. (1996) 'Modification', *Inside Architecture*, Cambridge,

Mass. : MIT Press.

Heisenberg, W. (1974a) 'Closed Theory in Modern Science' [1948], *Across the Frontiers*, New York: Harper & Row.

Heisenberg, W. (1974b) 'Science and Technology in Contemporary Politics' [1960], *Across the Frontiers*, New York: Harper & Row.

Heisenberg, W. (1974c) 'Problems in Promoting Scientific Research' [1963], *Across the Frontiers*, New York: Harper & Row.

Le Corbusier (1991) *Precisions* [1930], Cambridge, Mass. : MIT Press.

Palissy, B. (1957) *The Admirable Discourse of Bernard Palissy* [1580], Urbana Champaign: University of Illinois Press.

Perrault C. (1993) *Ordonnance* [1683], Santa Monica: Getty.

Schilpp, P. A. (ed.) (1951) *Albert Einstein: Philosopher Scientist*, Chicago: Open Court.

Spaulding, E. G. (1918) *The New Rationalism*, New York: Henry Holt.

Wallner, F. (1994) *Constructive Realism*, West Lafayette, IN: Purdue University Press.

2

向生态设计迈进：相关领域和知识本体

Christopher Hight

"设计研究"在当代学术界内受到的关注越来越多，同时，它的意义也正在被广泛传播。就如同"设计"这个词汇，"设计研究"这个术语具有多种不同的含义，因为与其相关联的实践活动较多。在 20 世纪 90 年代中期，出现了一种新的富有生命力的建筑学教育与实践的范式，如新兴的数字化设计、德勒兹新唯物主义及后福特主义理论。此后，这样的设计研究已经成为复杂几何学、参数化设计和材料实验等相关新事物的同义词。在某种程度上我们的教育、教学和研究已经参与到这种实践中，并试图推动其发展。本章是对近二十年以来的发展成果的共享与反思，随着其发展的日臻成熟，现在已经具备了对其进行评估的条件，同时也进入了模式转型的时期。Hight 认为"设计研究的第一步是对建筑的共性的再探究，且只有当我们脱离了高度的习惯性思维，才能厘清它的合理性和现实性。"（Hight 2005：201）。在 20 世纪 90 年代中期，科学和技术的进步为设计的改革和创新提供了潜在的动力。也就是说，不应该将设计研究理解为将设计变成自然科学的工具，或者是对设计未成为自然科学的补偿，而应理解为在发掘其他额外学科潜力的同时，为其提供相应的方法和途径，丰富建筑专属知识体系。

在此之前，设计研究已被普遍认为是培养研究生和其他高学位人员的主要途径。这有很多原因，包括认证的局限性和专业覆盖范围，另外，经过规范实践训练的学生促进了学科界限的扩大或学科间的跨越。如果设计研究被看作建筑知识、实践和教育的本质，那么它可以有效地概括为一个模式，而不是对探索的束缚。

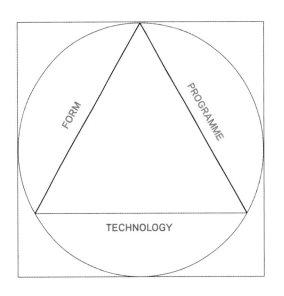

图 2.1

维特鲁威的"知识主体
建筑"图解

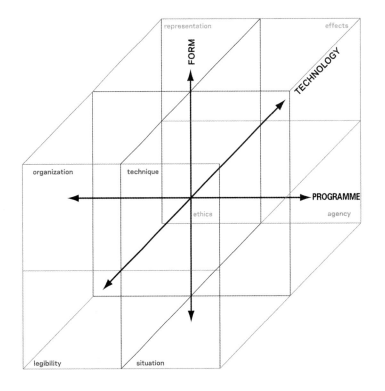

图 2.2

通过三种向量场的梯度
变化曲线描述学科作为
一个可能的"域或者联
系"

分歧线

这里的"设计研究"并不意味着如何指导设计或建立研究标准，也不涉及设计实践的人类学课题，它本身是一个理论猜想，即通过设计实践构建一个生产和探索知识的独特方式（Cross 1999；Findeli 1999）。在有关设计研究的开创性的范本中，Stanford Anderson 同样也将它看作理论联系实践的方法，注重各个分散项目之间的关联性。对他来说，这样的研究应当如同 Lakatos 理解的科学实践一样严格，而非天真的理性主义科学（Anderson 1984：147-148）。相对于工具主义或自主形式主义反对派来说，Anderson 的框架和例子说明了建筑知识的特征和进步，可以同时包含之前所理解的外部标准和学科的社会根源。因此，设计研究本身就是与实践和理论相互革新的桥梁，正如 Stan Allen 将建筑理解成一个"物质实践"而非一个符号形式（Allen 2000），以及 Sarah Whiting 和 Bob Somol 所提到的"影射的实践"的概念（Somol 与 Whiting 2002）。在这种构想中，方法和技术问题必然处于认识论的层面上，因为如果将它理解成研究，设计将产生新的探索目标，并依据它们的重要性提出要求。经验分析和物质条件往往是这种设计研究的中心部分，这反而常常使设计研究成为科学的一部分，但是设计研究不应当被理解成 20 世纪 60 年代"设计科学"论述的新版本。设计研究确实是更广泛的认识论的转变，而象征理性的建筑学的特殊地位已经被取代，这是因为即使在现代科学中，它作为知识生产的一种方式也更缺乏经验的准确性（Whiting 2005：200）。

设计研究标志着从"批判实践"向"改革创新"的转变，也是将建筑学定义为"映射"或者"物质"实践的支撑保障，具体体现在以下三个方面：

首先，在全球信息化和经济网络一体化的趋势下，衍生出了许多不同的建筑风格，因此继续反对将建筑学定位成"先锋"似乎是行不通的。事实上，如 Kenneth Frampton 所说，保持项目的说服力关键在于将建筑学定位成"后卫"的作用（Frampton 1983：20）。

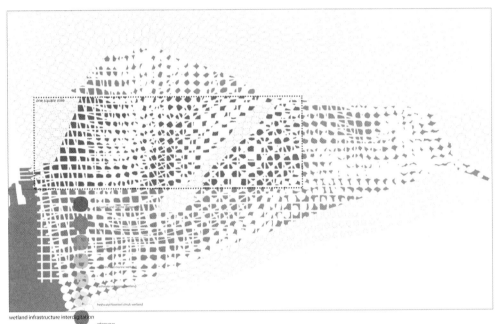

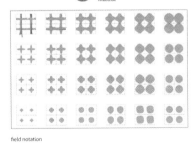

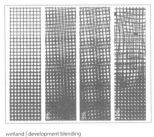

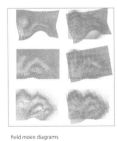

abstract machine

图 2.3a

Jason Pierce 所研究的莫尔效应(或干扰模式),是一种展现景观和建筑、气候和性能之间关系的方式。图片来自于 Christopher Hight 和 Michael Robinson 任教的莱斯大学建筑学院的研究生核心工作室,2009

图 2.3b

图 2.4
此图所示是由 Peter Muessig 主持的项目，该项目探索了平面和剖面中的"线"，将现有由城市与海洋之间海堤组成的边界分层，形成折中地形。图片来自于 Christopher Hight 与 Michael Robinson 任教的莱斯大学建筑学院的研究生核心工作室，2009

新生的一代相信，建筑学应当改造自身以保持相关性，这种相关性在过去可能一直都被理解成一种"革命"，这种革命关乎全球经济和信息技术中的哲学、技术和社会等方面。例如 Jeffery Kipnis 发起的建筑协会毕业设计，是研究建筑思想及其机构展现非传统能力的平台（Hensel 2011）。Kipnis 通过第一步尝试，意识到 20 世纪 70 年代和 80 年代的关键问题在同一时期达到了成熟和僵化，并且形成建筑思想的物质条件作为研究体系时也存在着两方向的问题，他将其描述成"有依据的"规划和通过表面的"变形"（Kipnis 1991，1993）。到 1995 年，研究生课程在 Brett Steele、Patrick Schumacher 和 Tom Verebes 的带领下已转变为建筑协会的设计研究工作室的课程，此后 AA 的研究生院随即开办了其他两个设计研究型课程：由 Ciro Najlie 与 Moshen Mostafavi 负责的景观都市主义以及由 Michael Hensel 与 Michael Weinstoc 负责的新兴技术。Patrick Schumacher 当时将 DRL 的设计研究项目看作 Jeffery Kipnis 有关建筑学转型和重塑的拓展，并呈现出标志性的转折。对他来说，批判理论的"否定"思想不可能适应资本主义社会晚期的复杂环境，相反，形式创新才能满足社会变化的新的要求（Schumacher 2000）。另一方面，Brett Steele 将设计研究看作引发建筑学品牌化和全球化问题的途径。

其次，设计研究将训练建筑师的综合素养和跨学科的实践能力，并将推动传统的设计转型。值得注意的是，以这种"专业化"的思想作为知识体系的分界线是有问题的，而"设计"的目的是学科之间的交叉（与产品设计、景观设计、数字化、网络协议等的特殊关联）。景观都市主义是一种设计的研究形式，正如 Charles Wald-heim 所说的，它是风景园林、城市设计和建筑学科之间的重新组合。现代工业化都市的严酷考验已经被后都市化进程所替代，其景观系统是基础，这种独立的学科思想随后也以建筑学为原则。Frampton 曾断言：至 20 世纪 90 年代中期，只有将建筑重新定位成"后卫"作用，并进行重新配置，甚至将学科界限融合形成一个"环境设计"，才有可能避免设计资本化（Frampton 1994：83-93；Sha-non 2006：160）。

AA 学院的新兴技术课程将建筑设计、工业设计与工程实践重组，同时，设计研究的培养计划将建筑设计分离出来作为独立学科。后福特主义本质上重新改装了城市和技术背景，为现代主义建筑语汇的形成进行了标定。也就是说，历史上曾经有过至少将规范的、甚至霸权的学科界限假定为摆设的这一时刻。现代建筑的历史特点是对其学科性质的一种忧虑，对自身不确定性的困惑和对其他领域的张望。相对于试图要成为"学科"而言，设计研究则可以尝试利用这些条件，这可以理解成一个投入的过程，设计研究不能与学科整合在一起，是由内因和外因所共同决定的。其他领域也因此围绕建筑思想，通过这个过程实现转换和拓展（Hight 2008）。

最后，结合前两条，设计不是经由解决问题达成的，而是一个综合知识探索和概念产生的过程。这些概念并不是通过建筑以符号学的方式表达或体现出来的外在想法，而是设计实践中存在的本质问题的表达（Allen 1999）。有关建筑的仿生学讨论可以理解为建筑设计机构及其成员的一种物质性实践（cf. Hensel 与 Meng-es 2006）。这样做是为了将建筑师定位成一个重要的变革世界的代言者，而不是提供关键批判的评论家。这并非毫无意义，很多机构采纳了 AA 学院进行的设计研究训练模式，即在教授规定的框架下，以扩展项目取代独立的论文研究（Hight2005：29-33）。同

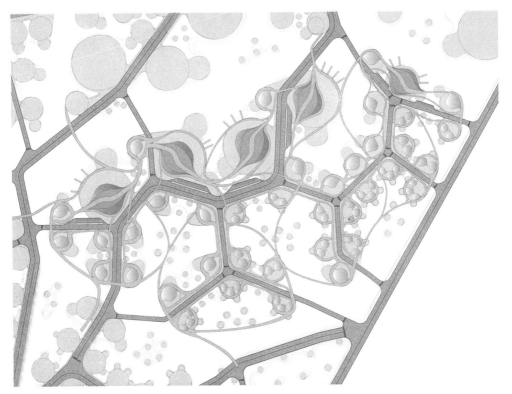

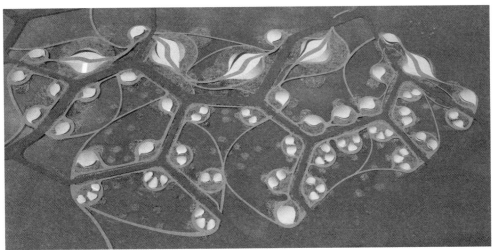

图 2.5a

Amy Westermeyer 将捕捞技术的工业生态学与 Voronoi 图形拼凑的几何学结合起来,研究一个场地设计,通过这些研究把一个修复的田地在时间迁移下,变成一个嵌入湿地中的度假社区。图片来自于 Christopher Hight 与 Michael Robinson 的研究生核心工作室,2009

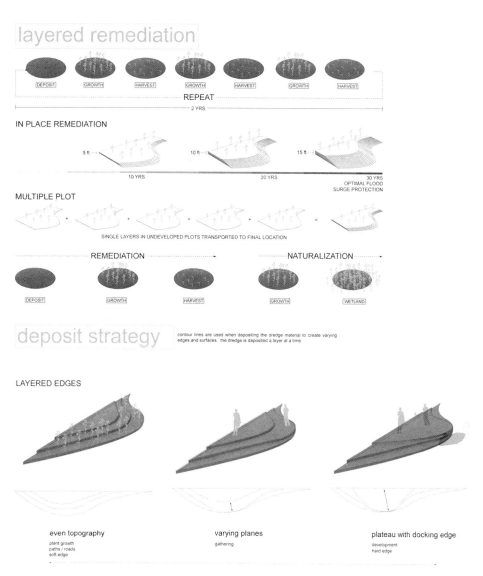

图 2.5b

图 2.6
本科三年级学生 Ryan Botts 和 Philip Poon 设计了一个城市公园，在公园内通过收集地表水，形成径流，并在径流进入河口之前完成水处理工作。规划中采用相同的几何形状形成连接地平面和水平面的方案。图片来自于莱斯大学建筑学院的 Christopher Hight 与 Michael Robinson 的工作室，2008

样,在 AA 学院,从以文凭为重心的学校制度功能单位,转变成实验室模式下进行的研究生训练单位,即由硕士研究生运行的"高度自治"的工作室,更类似于科学研究环境(Higgott 2007:153-188;cf. http://www.aaschool.ac.uk/AALIFE/LIBRARY/aahistory.php)。

如今,随着技术的发展,一些非专业人士也可以独立地从事设计研究工作,他们成为具有实践专能的一批人,并拥有了自己的工作室。但是这种教育模式出现了新的问题,并与 15 年之前的问题有所不同。第一,专业竞争无处不在,学科的界限也更加模糊,"参数化"设计就是个典型例子。在寻求新的模式来取代批判理论时,设计研究多持有"抵抗"观念和"激进的"新先锋主义态度。例如,假设现代建筑是由"直角"或理性的直线所组成(Ingraham 1998),设计研究则要反其道而行,绘制出曲线。这种抵抗思想已经成功地取代了曾经的主导观念。在这种情况下,设计研究成为一种细化的教学法,而不是实验研究,教学方法也变得常规化和标准化。另外,"创新"可以使设计研究成为整个研究体系的一部分。Sarah Whiting 已将此描述为简单的"聚集"和"彻底的扩散",这种现象只具有象征意义而不能称为真正的变革(Whiting 2009)。然而矛盾的是,一旦将设计看作研究,并形成一种惯性思维,最终成为一个新的范式时,设计研究的创新性将受到限制。我们似乎已经通过了"革命性"转变,进入了一个常态的新时期,这并不表明设计研究就应该被抛弃,相反地,设计研究所坚持的实践性思想应当受到关注并被传播。

学科协调

在这样的条件下,应如何培养建筑师并构建出一个有效的实践培养模式?建筑师在设计研究的过程中,如何做到既不屈服于转变带来的影响,也不过度探究"学科"的本质?我认为首先应当调查现状,并制定出相应的研究框架。

最近,Bob Somol 提出了一个推论,作为描述建筑思想的三个主要参照系:政治、小说和科学,可以用于解释建筑思维(Somol

图 2.7a

大学三年级学生 Weijia Song 通过打破休斯敦的城市结构,打断基础设施的公路用地的方式,研究了将绿色隔离混杂物与生态网络结合的可能性。在这个设计中,一个关键点是将青蛙物种引入到所研究的景观中,同时创造一个扇形的步行道路,连接了人类和非人类的栖息地,构成了线形走廊。图片来自 Christopher Hight 所在的莱斯建筑学院的工作室,该工作室由 Neeraj Bhatia 组织

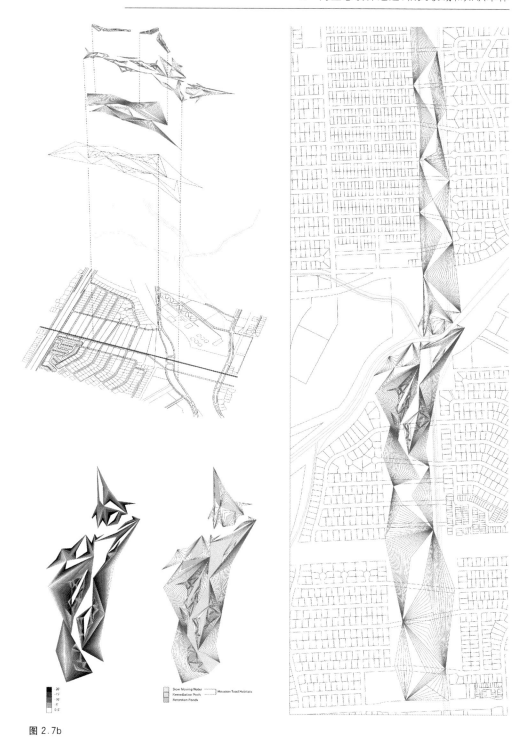

图 2.7b

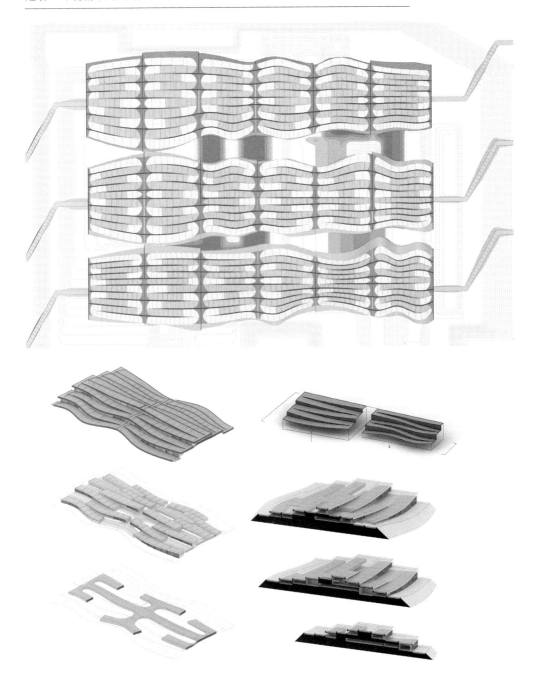

图 2.8a

大学三年级学生 Peter Stone 利用犀牛软件所做的一个设计:将房屋和城市农业结合,使得场地地貌有利于灌溉的最大化,淹没地域的最小化,创造一个建筑和生态的序列。图片来自 Christopher Hight 所在的莱斯建筑学院的工作室,该工作室由 Neeraj Bhatia 负责

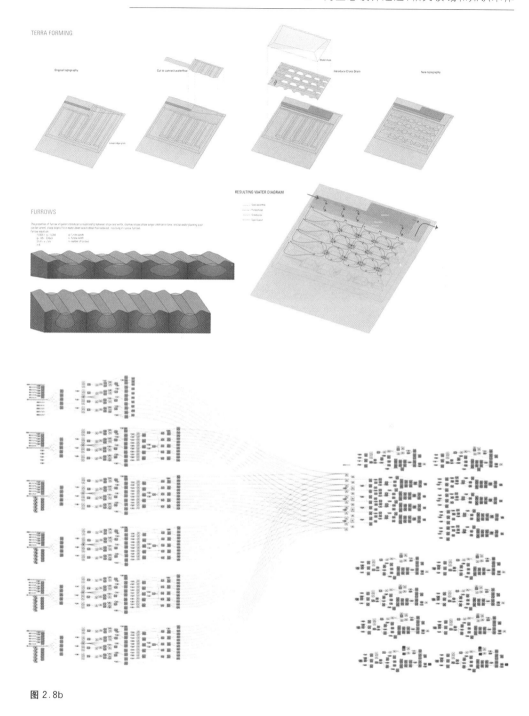

图 2.8b

图 2.9

本科学生正在研究如何
将材料的原型实验转变
成几何数字模型。图片
来自莱斯大学建筑学
院,2006

2010)。反过来,三个参照系以三种不同的配对方式出现:政治小说、政治科学和科幻小说。后者被用来探讨关于设计研究与参数化临界条件的问题,为其他数据程序设计过程提供脚本,并且通常与理念和表现形式相关联。对于 Somol 经常提到的设计研究项目,其模式和框架表明:进程缓慢的"科学主义"替代了设计的政治维度。此外,Somol 解释了这种联系如何能够做到在考虑科学和自然因素的同时,实现"形象"设计与"繁杂"的工作相结合。但在某种程度上,这类工作需要严谨的态度甚至重复思考,而不仅仅是设计,同时,它对制造和施工也有较高要求。虽然此类建筑实例经常依靠先进的技术来实现,但仍迫切需要技术的革新。Somol 建议,将这种科学的未来主义,放在"科学＋小说＝科幻"这个界定条件内。换句话说,关于"可持续化"和基础建设涉及的设计问题一般属于"政治科学"的类型,科学和技术因素是发展理念的重要手段,甚至是决定设计的重要因素。但 Somol 仍然捍卫建筑学,视它为政治小说的产物(Somol 2010),这相当于"鲍德里亚幻影"的一种流派思想。

　　值得注意的是,Somol 关于思想形态意识做出的功绩,仅仅可能是因为另外两个参照系的发展和成熟,以至于产生了一种学科焦虑,这种焦虑是关于建筑的实践性和独立性之间的关联性而言的。然而,正如前文论述的,在制定和实施过程中,"设计研究"作为固有的意识形态存在,并同科学一样,关联到后人文主义的思想。也就是说,在 20 世纪 90 年代中期,有理由相信,科学和技术因素本身是政治和意识形态的标杆,取代了"政治小说"的模式,进而统治了当时(被马克思主义、批判理论、符号学、解构与文学所束缚)的学院派。但是当这种置换的"批判"思想变成一种必要因素时,问题就产生了。

图 2. 10

在莱斯建筑学院 Christopher Hight 和 Michael Robinson 的工作室中,由 Michael Hensel 指导的材料性能研究课,2007

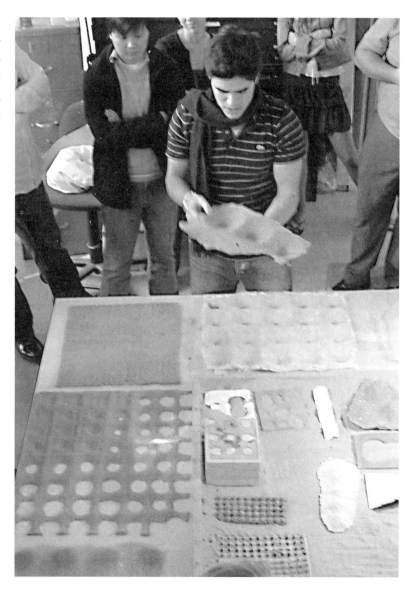

　　更重要的是,关于 Somol 的"科学、政治和小说"的三足理论,可以被看作维特鲁威关于"坚固、实用、美观"理论的 21 世纪的新版本。或许是因为对学科稳步深入的研究,当把它看成一个知识体系时,建筑师似乎很喜欢这个三足理论。如果试图将 Somol 的构想与经典的建筑学理论区分开来,就如同把建筑思想比喻成一张桌子,猛踢其中一条桌脚,使之从桌子中脱离出来,故意制造出一种不稳定性。因为这些关联不具有真正的辩证关系,甚至可以说是不可取的。如果将这种尝试放在 20 世纪 80 年代末的德里达修辞理论里进行讨论,就如同三种配对方式中的一种被抹掉一样(例如,政治科学的科幻小说)。维特鲁威时期的建筑学理论被看作建筑的固有本质而被提出来,而 Somol 的论述则表明了对该理论的动态认识和重新定义。

　　有趣的是,Somol 的三足理论也可以映射到康德的三重知识框架中。众所周知,康德将形而上学分为三类:纯粹理性批判、实践理性批判和判断性批判。维特鲁威和 Somolian 理论都或多或少地指向客观秩序和建构、使用和代理及主观品质等知识体系。所有的这些主观性问题一直都是最复杂的,如同依靠其中两个变量来完成康德的建筑学理论。而康德的判断性批判又可分为美学批判和目的论批判两部分,前者处理美学和艺术实践问题,后者处理生物学过程和形式问题,"设计"本身可以理解成这两部分之间的桥梁。一旦这两者之间的联系被打断,建筑学科就会束缚其理论的发展,或者对实践形式提出特定要求,最终背离文化和自然。

　　Somol 的三足理论阐述了特定环境中的建筑思想和美学实践,这并不代表 Somol 试图回归康德哲学的概述,也不是为了附和某些古典主义永恒不变的建筑原则。相反,它表明建筑学作为一种现代学科构成,或者新式的建筑命题,有其存在的必然性。我们可以把 Somol 的理论看作一个提供现代建筑知识的理论框架或协调系统,这种理论不是对研究领域的限定,也不是凭借经验的研究实验,它的作用是对研究的重新定位。

面向建筑理念的生态学

　　这个问题虽然不容易理解,但用三足理论来讨论建筑学的问题时,很多问题不得不引起注意。剥离"知识本体"的隐喻性也许对于理解"建筑学"的学科性是有用的,这种潜在的维特鲁威模式研究理论,清晰地描述了有关内在的、边界的、目的明确的研究环境。这种理论体系经历了历史的洗礼,仍然保持着独特性和独立性。然而今天,这种形式的建筑学模式,至少本该是为人类服务的建筑学,远不如看似"关系场"的学科来得实用。这个"关系场"表明,通过实践的拓扑构成,在任何给定时刻,可以不断地形成新的模式。因此,任何随时间形成的相关性将以表现题材的方式被临时确定,并产生其他作用。换句话说,它是从"结构-建筑"的方式转变为一个生态信息的模型。如果生态学的角度不适合建筑学学科,则应当重新思考"本体"与建筑模式之间的关联。如果想取代这种人文主义和古典认识论,我们必须建立一种学科连贯性的概念,而不是重复令人作呕的关于"同一性、分界性和一致性"的人文理念。

另外介绍一组实用的三足理论,是由 Felix Guattari 提出的"主观的、社会的、自然的"生活世界的"三生态"(Guattari 2000:23-69)理论。Guattari 采用了 Gregory Bateson 关于"精神生态学"的理论,并反对"这三项所构成了离散世界"的思想,而这种离散世界本可以合并为统一的整体。Bateson 的生态学定义取决于生态系统和信息之间的回归关系,如同离散系统(有机体、本体、学科)和其他系统环境(环境、其他学科等)之间的关系。对 Bateson 来说,生态学是"关于理念和方案及两者之间相互影响关系的研究"(Bateson 1972:491)。每个"理念"或子系统可以在它们相互作用的影响关系中共存,并将影响到它们的建筑产物,而不是脱离环境的单独个体(Bateson 1972:466)。生态学提供了一种特殊明确的方式,可以在多重身份和系统之间传递信息,在动态环境中相互转化。因此,不能将 Guattari 的"主观的、社会的、自然的"三生态理论理解成某一派别或限定在某一封闭领域内,而应该看作 Guattari 和 Deleuze 在《什么是哲学》一书中所描述的"抽象平面"。书中认为,"哲学、艺术和科学不是客观化大脑的精神客体,而是在大脑主体之下的三个方面……它们类似于大脑在陷入混乱时的三个逃生筏"(Deleuze and Guattari 1994:210)。与 Bateson 的生态理念相比,这三方面与三个吸引因子之间建立了复杂的关系,这些吸引因子不是抽象的观念,而是关于物质条件、关联性以及实践的系统集合。如果仔细回味,并理解 Deleuze 将康德的先验唯心主义变成一种先验经验论所进行的不断尝试(正如法国物理学家 Foucault 试图利用历史先验取代卓越的先验一样),可以意识到 Guattari 理论所具有的广泛性,我们必须能够在没有派别和观念之争的情况下,明确区分研究模式和知识生产两者之间的差别。

如果将设计研究理解成"以大脑为主体"的建筑产物时,将会发生什么? 我们是否可以将"科学、政治与小说"或"坚固、实用、美观"理解成一个三维坐标平面,相当于"自然的、社会的和主观的"三生态理论,通过这些我们能够构建出一个关系模型,并提升其历史属性和创新性。例如,围绕"社会的"吸引因子,我们可以将程序、空间和机构等建筑学问题进行重组;围绕"自然的"吸引因子,可以将物质、结构和环境等建筑学问题进行重组;围绕"主观的"吸引因子,可以将效果、形态和表现等建筑学问题进行重组,这样就能够进一步解释本文所说的设计问题。在这个理论中,关键是要以一种实践模式和探寻方式,将具体事物组合成多种不同的联合体。建筑学的媒介——例如图画、图表、模型、材料运用等——统统可以理解成一系列关于理念、构造、研究、开发或转化的重组。因此,不能将它理解成个性的汇聚,而是多样性的凝聚。如果建筑实践不能作为施工设计的探索模式或研究模式时,上述命题便无法成立,这种关系可以应对项目增多的情况,或者研究分支增多的情况。本文所指的设计是通过三维平面的"场空间"的概念形成过程,而非对立的或三重关系的建筑理论。三足理论不是构建建筑学的必要部分,却构建了建筑实践及其理论的物质平台——历史

图 2.11
此图为图形化模型设计的阵列,图片来自 Christopher Hight 所在的莱斯建筑学院的工作室,该工作室由 Neeraj Bhatia 组织

性、可行性和经验性——然后将它们梳理成概念框架。

当今的建筑学很难凝聚成一个"学派",原因是"知识本体"的概念将对解释跨学科的情况造成干扰,现代设计知识的范畴在与环境相互影响的进程中产生,而这个环境尚未被新的形式所取代。在这个过渡时期内,标准性和先锋派都不能够实现教学法的全面整合。这意味着重要的学科重组和边界扩散缺乏对当代问题的特殊思考和理解;学生们并没有从构建建筑的历史模式中"得到解放",因此这种实践模式和目标一样没有意义。只有学生们不再拘泥于特定的意识形态之中,而是把设计研究作为生产手段时,设计研究才可以在各个设计教育层次中提供有效的支持。

参考文献

Allen，S.（1999）'Infrastructural Urbanism'，*Points ＋ Lines*，New York：Princeton Architectural Press：47-57.

Allen，S.（2000）'Introduction：Practice vs. Project'，*Essays Practice Architecture，Technique and Representation*，London：Routledge：xiii-xv.

Anderson，S.（1984）'Architectural Design as a System of Research Programs'，*Design Studies* 5，3：146-158.

Bateson，G.（1972）*Steps to an Ecology of Mind*，Chicago：University of Chicago Press.

Cross，N.（1999）'Design Research：A Disciplined Conversation'，*Design Issues* 15，2：5-10.

Deleuze，G. and Guattari，F.（1994）*What is Philosophy?*，New York/London：Verso Books.

Findeli，A.（1999）'Introduction'，*Design Issues* 15，2：1-3.

Frampton，K.（1983）'Towards a Critical Regionalism：Six Points for and Architecture of Resistance'，*The Anti-Aesthetic*，Port Townsend，WA：Bay Press：16-30.

Frampton，K.（1994）'Megaforms and Urban Landscape'，*Columbia Documents* 4：83-93.

Guattari，F.（2000）*The Three Ecologies*，London：Athlone Press.

Hensel，M. U.（2011）'Type? What Type? Further Reflections on the Extended Threshold'，*Typological Urbanism：Projective Cities*，AD Architectural Design 81，1：56-65.

Hensel, M. and Menges, A. (eds) (2006) *Morpho-Ecologies*, London: AA Publications.

Higgott, A. (2007) 'The Subject of Architecture: Alvin Boyarsky and the Architectural Association School', *Mediating Modernism: Architectural Cultures in Britain*, London/New York: Routledge: 153-188.

Hight, C. (2005) 'Oxymoronic Methods: The Incomplete Project of Design Research', *Corporate Fields*, London: Architectural Association: 198-203.

Hight, C. (2008) *Architectural Principles in the Age of Cybernetics*, London/New York: Routledge.

Ingraham, C. (1998) *Architecture and the Burdens of Linearity*, New Haven: Yale University Press.

Kipnis, J. (1991) '/Twisting the Separatrix/', *Assemblage* 14: 30-61.

Kipnis, J. (1993) 'Towards a New Architecture', *Folding in Architecture*, London: AD Wiley: 40-49.

Schumacher, P. (2000) 'The AA Design Research Lab-Premises, Agenda, Methods', *Research and Practice in Architecture Conference*, Alvar Aalto Academy, Helsinki, Finland.

Shannon, K. (2006) 'From Theory to Resistance: Landscape Urbanism in Europe', *Landscape Urbanism: A Reader*, Charles Waldheim (ed.), New York: Princeton Architectural Press: 141-162.

Somol, R. E. (2010) 'Less-ity, More-ism', Lecture at the Rice School of Architecture, April 12, 2010.

Somol, R. E. and Whiting, S. (2002) 'Notes Around the Doppler Effect and Other Moods of Modernism', *Perspecta* 33: 72-77.

Whiting, S. (2009) Lecture at the Future of Design Conference, University of Michigan, October 9-10.

3

建筑和城市设计中的"设计研究"方法的起源

Halina Dunin-Woyseth，*Fredrik Nilsson*

导　言

　　本章主要描述了在欧洲和斯堪的纳维亚半岛进行的建筑和城市设计研究状况，并重点关注了近二十年荷兰、挪威、瑞典和比利时的发展情况。因为研究受个人学术兴趣和经验的影响，因此，这个简短的历时性研究不能保证其具备了绝对的完整性和对整个发展过程的同质化叙述（平等对待）。对于这段历史，John Walker 发表了自己的重要观点：

　　　　多个历史版本的存在并不意味着多个物质现实的存在，就像有多少个人就有多少个世界一样。历史学家都曾遇到过一个难题，即历史的整体性和完整性是永远无法被重建的。因此，每一段历史记录都只是历史的局部或简化表示。在历史写作中片段性的选择是不可避免的。历史故事的不同，不仅是因为学者们对事实有不同的态度和解决方式，还因为不同的历史学家会选择和强调不同的史实和事件。用地图的制作过程做一个比喻，可能有助于我们理解：有些地块之间拼接并不矛盾，反而互相补充。两者拼合，提供的地形比单独采取一个更加完整。

　　　　　　　　　　　　　　　　　　　　　　　　（Walker 1989:2-3）

　　本章由三个主要部分组成，其内容设计受到了 John A. Walker 的另外一段关于构成新学科表述的启发：

　　　　当足够多的从业者自发地组织活动，并聚到一起开始讨论共同的兴趣与问题时,一种使一门学科独立存在的意识就产生了。它往往也是专业组织形成的临界点……一旦某个组织存在之后,很快就会以学科的姿态跟进:选择主席团成员、时事通讯、学术周刊、年度会议等等就都出现了。

(Walker 1989:1-2)

我们并没有看到 Walker 用消极感的表述形式,我们也没有把设计研究当成一个严格意义上的学科来对待,而是作为一种特定领域的研究方法,这一方法正逐渐被建筑与城市设计者们认可。

本章在第 1 部分中提到了一些开创性的学者,论述了他们关于新的知识产生模式的研究,探讨了如何将设计研究嵌入新认识论的发展主流中。第 2 部分介绍在荷兰、挪威、瑞典和比利时等国家,将研究融入设计的实践情况。同时描述了 Walker 从实践领域上升到调查领域的工作情况,阐述了在这些领域遇到的实际问题。第三部分将考虑如何将第一部分和第二部分出现的问题与 Walker 对新领域的探究结合起来,包括它们相互之间的内容查询,以及在实践当中的应用情况。目前的挑战是如何提供某种确切的设计研究发展史,以便评估其发展的成熟度。

第 1 部分——在设计研究领域讨论了什么?

"后学院科学"及其与设计的关系

在技术科学领域,哲学家认为后学院科学与传统的发展趋势相似:"后学院科学生来就是历史性的学院科学,与科学重叠,并保留了它的许多特征,执行了很多相同的功能。它们产生于相同的社会机构 ——主要有大学、研究机构和其他知识机构"(Ziman 2000:68)。虽然学术界和后学院科学相互融合,但文化和认知的差异对新名称的建立意义重大。在对后学院科学的众多命名中,有一种命名方式将其称为 Mode 2,它是相对于传统、教条而又学术化的 Mode 1 而确立的。Mode 2 通常被称为是跨学科知识产生模式的代名词(Gibbons 等 1994)。

对于生成于实践的设计研究,其产生模式和沟通形式与其他知识一样具备平等话语权的语境下,后学院科学的出现意味着什么?这个问题非常有趣。因为在试图解释科学产生的背景,并使建筑实践产生知识的方式合理化时,就能清楚地发现,涉及传统的研究模式时,我们的领域有多么不成熟。后学院科学的发展能促进其他知识领域的概念化,同时促进设计在知识生产模式中的应用。

多年来,跨学科研究这一术语已经蔓延到世界各地,并出现在不同的会议讨论和学术场所中,同时促进了新见解、概念模型和复杂问题的产生。跨学科方法的核心是对当前世界进行的一次深度探究,是对未来世界发展方向的一种觉察。跨学科这一术语是为了满足一个超越学术界限的表达的需要而创造出来的,在应用于建筑这样的具备组合性和包容性的学科上时,这个术语非常有趣。

来自其他学科的研究者从"学科外围"研究建筑,这已形成了一个悠久的历史传统。比如艺术史学科就是这种研究模式的一个例子。但是,艺术史学家们已经意识到"由内而外"的观点在他们的文物与作品研究中正在逐渐消失。E. H. Gombrich 可能是对艺术史学科中技巧缺失这一问题最为关注的人。他认为学术研究的重点应放在艺术的技巧上(Gombrich 1991:68)。

很多学者都曾经研究过具有多学科特性的设计知识。早在1969 年,Herbert A. Simon 在他的著作《人造科学》(*The Sciences of the Artificial*)中就引入了"设计科学"的概念。当对自然事物的探索涉及人造物体时,他反对用对自然学科的研究方法来研究人造物体,比如,如何制造人造物体,并使其具有所需的功能属性,以及如何对其进行设计(Simon 1969:55)。

现在,一种知识生产的新形式——Mode 2 得到了广泛的热议,它打开了通过设计探索知识的大门。这种新模式主要的特点是:它在一个应用环境中起作用,这个环境摒弃了传统的、机械的、条条框框的解决问题的方式,其采用的方法是将注意力集中于研究这些环境中出现的问题上。这个过程是动态的,并汇集了根据具体的问题和应用环境,在一个临时平台上收集和配置的知识。Mode 2 在解决问题上有一个特定的方向,实验性很强,体现了创新的态度(Gibbons 等 1994;Nowotny 等 2001)。

几个概念可用于描绘这一以实践模式为基础的研究，特别是在建筑和设计领域——例如基于实践、引导实践与"设计研究"的概念。在《基于实践的创新、表现艺术与设计博士学位》(*Practice-based Doctorates in the Creative and Performing Arts and Design*)这一报告中，Christopher Frayling 指出，"不断的实践练习是博士取得进步的一种方式"。在对这种方式的相关性进行研究后发现，研究结果产生两极分化，即完全符合或完全不符合"科学方法"的情况消失了，而这在以前都是"实际的研究"中一定会出现的情况。"现在已经有从科学研究到实践创作的连续统一体了"(Frayling 等 1997:15)。Chris Rust 等人谈论到"实践主导研究"时，将其定义为"在专业和创造性的艺术实践中，设计学或建筑学扮演着辅助研究工具的角色"(Rust 等 2007:11)。

越来越多的博士课题关注到设计研究这个领域，也促进了像"投射研究"这样的概念的发展。"投射研究"是对于设计的研究，强调"项目的概念理解为'预测未来'，作为一个反射性的概念性的行动"。这个行为理论是"通过空间预测"，使未来的选择收到预期的反射。因此，"源于设计思维的研究，并对未来加以预见的能力，是投射研究的核心"(Janssens 2009:48-49,64)。

在过去的几十年里，通过对模型的设计与计算，核心知识的价值被予以充分的重视。大量的学术研讨中，强调了信息技术和学术交流的重要性(Gibbons 等 1994:44-45)，形成了视觉模拟和动态成像的相互补充，并促进了科学研究方法和语言表达的动态发展。"具体的/图标的认知模式尤其适用于设计，而正式的/符号模式更适合于相关的科学"(Gross 2007:28)。因此可以将对各种"艺术品"建设性的、具象的思考当作模型，而把学术交流与科学研究作为辅助工具。

Frayling 教授和他的工作团队(Frayling 等 1997)制订了一套标准的定义，这并不是为了将各学科进行有序的规划，而是为了确保研究结果的准确性。这种包容性模型展示了在学术研究和科研成果方面，其与传统科学模型的延续性，甚至可以将其拓展至更大的范围——其包含了从科学到实践研究的延续性。

Bryan Lawson 认为，Gibbons 等人对这种"实践模式"的研究描述与艺术家的设计思维有很大的相似之处。正如 Lawson 所说，"设计师在不知不觉中走在了游戏前面，而不是落在了后面"（Lawson 2002：114）。

第 2 部分——在设计研究领域发生了什么？

我们将更加详细地讨论荷兰、挪威、瑞典和比利时等四个国家的设计研究工作，讨论他们使用的新方法、方案生成过程和与不同专业领域交融的典型案例。我们研究在这些国家的某些领域中，设计研究遇到的问题。如同在竞技场的竞争和表现一样，Walker 对建筑领域做的调查包含以下几方面：建筑和城市规划的项目创新、学术会议、设计研究的期刊与书籍，创新教育的设计师、博士生的研究和网络平台等。我们在这些领域具备这样的优势：它不是唯一会从这些研究中出现的"结果"，而是一系列由特定设计团队所从事的文化实践"过程"。

荷兰人的故事

在 20 世纪 90 年代，荷兰建筑师事务所中研究策略的发展是显而易见的；同时，关于建筑学领域对研究需求的讨论也在国际学术界开始蔓延（Lotsmaa 1999；Sigler 和 van Toorn 2003）。Rem Koolhaas 和 OMA（大都会设计公司）是其中的代表。他在 1978 年出版的专著《狂乱的纽约》（*Delirious New York*）中提出了替代系统的方法，并描述了该方法与建筑设计实践和建筑教育的密切关系。（Koolhaas 1978，1995；Koolhaas 等 2001a，2001b）。一些建筑师把他们的作品当成了研究范本，其中很多人还探索出对当代社会和城市进行系统调查的工作方法。（Maas 等 1998，1999，2003；Hensel 和 Verebes 等 1999；Bunschoten 等 2001；FOA 等 2003）。尽管荷兰相关事务所受到一些人的批评，但是这种研究方法已成为荷兰现代主义传统的一部分。建筑师 Van Eesteren 和 van Lohuizen 在 20 世纪 20 年代、30 年代和 40 年代所做的城市节点调查，形成了一种大都市里的建筑师的研究传统。在 20 世纪 80 年代，当建筑行业管制取消时，关于都市的相关研究处于荒废状态，但建筑工作室仍在继续调查城市状况。因此 MVRDV 可能是实践领域内更具系统调查传统和拥有扎根实践研究态度的工作室之一（Lootsma 2001），而设计研究是为了调查、预测及引发对当代和未来问题的思考。

1996 年，代尔夫特科技大学建筑学院组织了"设计和建筑博士学位"（Doctorates in Design and Architecture）会议，把设计研究作为攻读建筑学博士的基础课程。这次会议在研究领域和主题上进行了广泛、细致和专业的划分。同时针对某些大学缺乏研究意识的情况，在博士的设计研究中建立了对研究的激励制度。但会议也强调，学术和职业领域都在用科学和艺术的传统分类的偏见来看待设计，然而城市和建筑环境中面临着新的挑战和复杂性，设计和设计方法已经变得越来越重要了。

代尔夫特科技大学建筑学院在 1998 年发起了一项被称为"建筑干预"（The Architectural Intervention）的研究项目，作为科学的研究方法。这个项目客观地阐明，开发和实施设计研究项目已成为一种科学研究手段（Nieuwenhuis 和 Ouwerkerk 2000）。2000 年该项目在代尔夫特举办了一个被称为"设计研究"的国际会议，会议的主要成果被编辑成两部专著出版发行，这两部专著的主题是关于构成和方法方面的内容（Steenberger 等 2000；Jong 等 2000）。建筑研究学者和建筑师都参加了此次会议，像 Ben van Berkel 和 Wiel Arets 这样的建筑大师都对会议做出了巨大的贡献，而研究学者却无法在学术界与职业的复杂关系之间准确找到自己位置。

图 3.1

2000 年代尔夫特科技大学"设计研究"（Research by Design）会议的书籍封面

　　就许多方面而言,会议是建筑设计研究这个领域发展的一个里程碑,在阐明科学研究和设计研究的理论问题上具有很大的影响。

　　另一个重要的机构是荷兰鹿特丹港市的贝尔拉格研究所。他们的建筑学研究生教育理念很重视先进的建筑实践,同时在相关的建筑研究中强调探索建筑知识的重要性。贝尔拉格出版的杂志《预感》(*Hunch*)在不同方面讨论了建筑文化、研究和评论的细节。在其中一期中,提出了跨学科的概念是讨论在边缘、远处发生了什么,或者说在专业外使用不同的学科技能和工具,这需要严格的自律,但必须摆脱学科的限制(Linder 2005)。《预感》还展示了一些学者和博士的研究项目,这些项目用建筑设计工具来调查建筑及其相近学科——城市规划的知识领域,设计工具在设计项目中有明确的出发点。

挪威的故事

　　自 20 世纪 90 年代以来,挪威奥斯陆(Oslo)建筑学院博士培养计划中的研究教育一直是"专门领域设计奖学金项目"发展的首要推动力。该项目主要面向建筑师以及景观建筑、工业设计、视觉艺术与设计学等领域的专业人士。在被称为挪威网络(Norgesnettet)的国家研究教育系统中,这个博士计划起着核心的作用。这个计划的特色主要归因于来自"加工"专业的职员,并进一步被研究主题所影响,这些主题来源于博士生自身的实践经验。

　　随着各种设计专业领域人士的认可,一个更加广泛的对话局面得以形成。各种与职业相关或不相关的观点一个接着一个地涌现,逐渐形成一种广泛领域内的学术讨论氛围。因此,"形成学科"的概念逐渐显现,并逐步整合形成设计研究教育认识论的前提之一。这种"形成学科"的概念产生于建筑、艺术和设计领域内不同专业的博士生对共享知识平台的需求。

　　这也使得传统学术领域内的这些专业教育研究系统更加规范化。

图 3.2

2005 年 Birger Sevald-
son 在 AHO 的博士论
文"发展数字设计技术：
对创意设计的计算研
究"(Developing Digit-
al Design Techniques：
Investigations on Cre-
ative Design Compu-
ting)中，关注了设计过
程的早期阶段，并研究
了在设计生成中所使用
的计算方法。设计研究
应结合实践与分析性的
活动，以使洞察力和理
解力达到一个新水平

奥斯陆大学建筑学院倡议的题为"千禧年计划"(The Millen-
nium Programme)(1999—2001)的研究教育，对北欧学校建筑和
设计认识论的进一步发展至关重要。50 多名博士生参与了这个项
目。课题结束时，与会者一致认为，当前的研究型教育为大家提供
了一个合适的训练机会，但似乎也可以理解为传统学术研究的一
种应用。作为研究型教育的下一阶段，2003 年将安排一种新的北
欧试点研究课程，这满足了年轻研究人员以问题为导向的研究需
求。该计划以出版跨学科和"专业化"书籍的形式圆满结束(Dunin-
Woyseth 和 Nielsen 2004)。

近年来争论之一源于部分教学人员对博士生"从科研到创新
实践应具有连续性"教育的认可，即使在传统的学术氛围中，各个
领域已经达成这种共识。包括评估博士工作的外专业学者也同样
达成了这种共识。这就导致了一些将自己的创新实践融入博士项
目的论文，其不仅包含说明和描述的手法，还有思辨论述的方式。

这个新的学术观点的提出可以追溯到 2004 年获得该学位的
第一篇博士论文(cf. Pedersen 2004；Sevaldson 2005)。2008 年，
一部分博士生在入学阶段就选择了进行设计研究论文的撰写。

自 2007 年以来，建筑与设计为硕士开设了相关课程。他们一
方面已经跨越了设计工作室的教学和研究设计，另一方面也达到
了博士课程入门的相应水平。2008 年，学习 AHO 博士课程的校

友建立了同行评议学术期刊 *Form Akademisk*。该期刊致力于设计研究和设计教育,通过设计来研究主题是近期努力的方向。

瑞典的故事

自 20 世纪 90 年代以来,瑞典研究项目的发展领域不断扩大——包括博士和本科生毕业班研究水平——这些都是基于实践或基于设计的研究,但这些问题的讨论有其更长的历史背景。20 世纪 70 年代以来,瑞典的大学一直研究和讨论"艺术发展项目",但是人们认为它只是与学术研究并行的活动,而不是处在同一个层面上的学术活动。它们被看作一种企图发展一个明确的学术身份和建立一种以艺术和创造学科为基础的认识论活动。建筑领域也是一样,很长一段时间,它们从其他的学科领域拿来理论和方法,去发展和确立一种特定的建筑知识模式。1987 年,建筑研究协会在瑞典成立,很快就覆盖了北欧地区,并开始在《北欧建筑研究杂志》(*Nordic Journal of Architectural Research*)上发表研究成果。在很长一段时间内,斯堪的纳维亚半岛这一唯一的同行评议学术期刊为建筑研究的发展发挥了重要的作用。尽管研究者们对拓展特定的建筑研究领域充满了雄心壮志,可是发表论文的期刊却往往仍基于传统的学术领域。

瑞典的三所建筑院校都有关于建筑研究的长久历史传统,并很注重开放性地整合不同学科的研究方法。20 世纪末至 21 世纪初,几个博士项目在创作中明确把实践原理作为调查的手段(Grillner 2000;Zimm 2005;Akner-Koler 2007;Runberger 2008),从而发展了新的方法和研究文化。

2003 年,AKAD(建筑和设计实践研究学院)在瑞典国家研究委员会的支持下成立。这个学院是瑞典皇家理工学院斯德哥尔摩校区建筑系、瑞典皇家理工学院隆德校区建筑系、查尔莫斯大学哥德堡校区建筑学院联合建立的网络平台。在建筑设计项目的构成因素中,该学院在研究中是不可或缺的角色。

AKAD 被认为在艺术和实践的研究之间有很强的关联性,他们在英文名字中将"艺术研究"翻译为"基于实践的研究"。两个创始人 Katja Grillner 和 Lars-Henrik Ståhl 认为,他们发现了"艺术

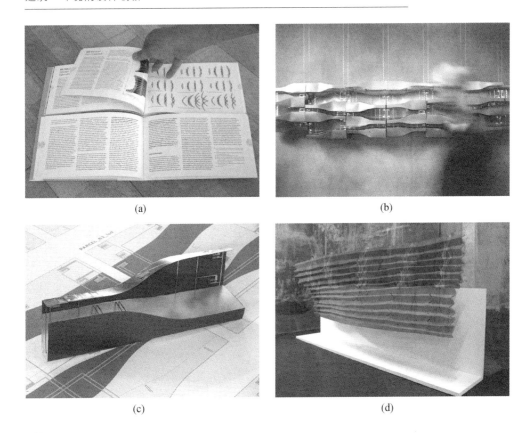

(a)

(b)

(c)

(d)

图 3.3

2008 年 Jonas Runberger 在瑞典皇家理工学院(KTH)的管理学博士论文的架构原型(图 3.3a)结合了实际设计工作的展示,其中包含对写作过程和结果的分析。该研究使用了设计和施工原型作为交流的调查和展示工具。由 Daniel Norell 和 Pablo Miranda 合作的"包裹(Parcel)"项目(图 3.3b,图 3.3c)分别于 2004 年和 2006 年在斯德哥尔摩的 Art+Science 展览会和隆德的 the AKAD 展览会展出;Pablo Miranda 的"花键移植(Spline Graft)"项目(图 3.3d)是 2006 年在埃森市(德意志联邦共和国西部城市)创办的"开放参观:智能空间设计"(Open House: Intelligent Living by Design)旅行杂志的一部分

研究"这个词的问题,短语"基于实践的艺术研究"更加务实和有用。"建筑设计的研究"也更为直接关注研究的进展,聚焦于研究者做了什么,而不是研究者的地位。(Grillner 和 Ståhl 2003:16)。

　　Grillner 和 Ståhl 还绘制了标记不同节点的草图。他们注意到,基于实践的建筑研究与传统的"专业"实践及选择性的实践可能都有关联。"学术"实践,意味着实验基于学术界,并在基础教学、展览和出版物中得到拓展。AKAD 特别强调发展与"基于实践和艺术性研究"相关的学术实践。他们明确地将 AKAD 在 2003

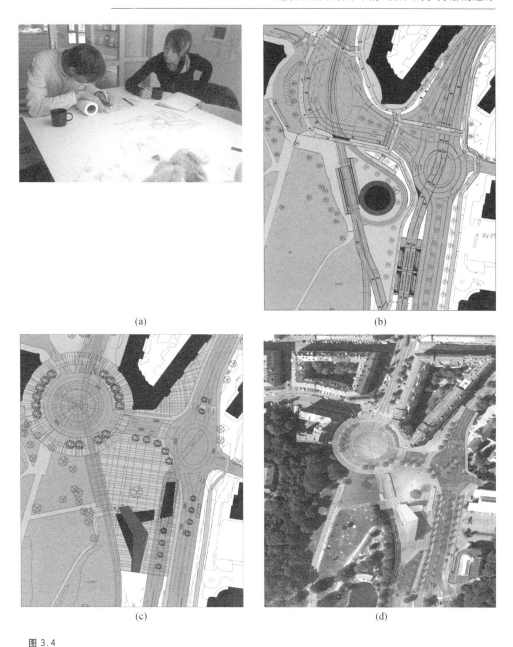

图 3.4

2010 年 Anna-Johanna Klasander 和 Lina Gudmundsson 在瑞典哥德堡的怀特的项目 "Den verkliga bytespunkten: Research by design kring kvaliteter i konflikt"(真正的转运站:设计研究品质的矛盾),展示了如何在建筑实际项目中应用新的研究方法。市政局的股东们希望通过研究项目的设计过程增加对公共交通空间的理解。他们集中了各种能力和方法,并系统地研究了设计解决方案,同时在和传统对比的过程中,发现了潜在的新的设计与管理方法

年发起的研究项目描述为"三个基于实践的学术研究"（all three may be positioned under the category of academic practices）（Grillner 和 Ståhl 2003:20）。

所有建筑学校都制订和实施了试验方法。在查尔莫斯，教学中进行综合的研究具有悠久的传统，并逐渐在工作室项目和学生课程中实现了与设计相关的研究思维的培养。设计和研究的实验方法，都在近年得到了兴起和发展（Dyrssen 等 2009）。查尔莫斯发展了一个叫作"探究性建筑"（Explorative Architecture）的研究项目，涉及建筑师、景观设计师和哲学家，并为领域的概念化做出了贡献（Gromark and Nilsson 2006），他在 2008 年举办了北欧"建筑调查"（Architectural Inquiries）会议，在建筑的研究中聚焦了当代的理论、方法和策略。

与 AKAD 平台相关的研究项目显示了与学术实践清晰的衔接，但也显示了与其他创造性学科之间更加密切的联系。项目的核心和拓展有：文学与创作、声音艺术和声波空间、电影、视频艺术与视觉文化及计算机艺术和技术。在建筑设计中，建筑语言、特定手法、专业实践似乎扮演着不太重要的角色，而建筑工作室对它们研究的兴趣却在不断增长。像 White 和 Sweco 这样与学术界共同发展和协作的大工作室，越来越多地展现了创新和创意设计的相关研究。使他们愈发感兴趣的是，研究能力和方法与设计之间的关系日益密切，并且现在已经向更多元化的发展敞开了大门。

比利时的故事

在比利时有很多建筑和设计学校，但其中只有圣卢卡斯建筑学院布鲁塞尔和根特校区一直以设计研究为主，并把建立这种模式作为机构的研究策略。

圣卢卡斯建筑学院带有强烈的艺术与人文印迹的传统，学校一直处于设计和交叉领域发展的最前沿。2003 年 9 月，博洛尼亚柏林新的欧洲教育指南承认攻读建筑教育博士为欧洲高等教育的第三批试点。对圣卢卡斯建筑学院来说，这意味着要发展一种新的研究型博士奖学金文化，这种想法是要发展一种以实验和实践为基础的研究，而不是去尝试效仿以学术型为特征的研究（Verbeke 2006:9)。这个过程主要是为了支持专业人士和教师,尤其是在双重实践研究中没有任何研究经验的年轻教师。

在 2005 年,Sint-Lucas 和建筑历史、理论与批判主义(NETH-CA)网络一起组织了一个国际会议:"不可思议的博士学位"(The Unthinkable Doctorate)。在制订学校的规划和建立研究型教育计划的过程中,这次会议是一个较大的进步。

2006 年,作为一系列研究训练项目(RTS)的模块,Sint-Lucas 研究教育的正式方案首次完成(Verbeke 2008a;Janssens 2006)。RTSs 是一个为期两年的项目,每年由四个具有国际学术经验或大量的设计实践的导师指导。在所设置的课程中,经常强调通过设计进行研究。该项目的设计目的是培养一个多元化的观点和意见,而不是反映一个人的观点或方法论(Verbeke 2008b)。

会议的目的是以这样一种方式来讨论设计研究的基本问题,即每个参与者可以开发他/她自己的研究思路和研究问题。会议的目的是两年的 RTS 计划完成后,参与者开发出一个以设计实践为基础的足够成熟的研究项目。自 2006 年以来,每年的教育研究活动在一系列的导师以及参与者中进行,成果包括年度出版物和讨论记录。因此博士环境的成熟过程已经记录在正在进行的辩论中。

四年后在卢卡斯第一次举行了名为"(通过)设计沟通"的国际会议(Communicating (by) Design),许多参加了 RTS 的研究者都积极参与了论文和报告,展示了他们正在进行中的有关设计研究的博士论文。

在比较这两个会议的进程后,我们可以观察到,设计研究的理念在欧洲已经成熟。有趣的是在很多建筑学校,那些没有参与过传统建筑学术研究的人,现在却正在从事设计的研究。这两个会议不仅对欧洲共同体的建筑设计研究非常重要,而且在这四年期间,圣卢卡斯建筑学院通过学术会议培养了一批致力于新模式研究的年轻建筑师和学者。

第 3 部分——设计场景的研究,新设计奖学金

本章的目的是讨论一些有关设计研究的核心概念和理论框

架,以及它们在四个国家中产生的不同背景,并且描绘了一幅从传统学科的学术领域到它们沉浸于专业实践领域中不同的研究方法。

对于"后学院科学"和 Mode 2 研究讨论,开拓了建筑设计专业的研究领域内的新发展。一个知识领域的新概念和一个更具包容性的研究模式正在发展,其中,很可能包含了以实践为基础的方法。这个新的模式正逐渐受到学术界的认可,同时也引起了建筑设计从业人员的极大兴趣(Dunin-Woyseth 和 Nilsson 2008)。

荷兰

早期那些建筑实践的创新性研究,通常在几年后才承认自己是建筑学院的研究型学科,比如著名的学术机构:代尔夫特理工大学的办学理念就是要求建筑和设计得到学术界的公认。其中,建筑学院的主要出版刊物(一个学院教师的作品集)内容包含了对特定领域内的设计研究的概念阐释。荷兰对国际设计研究发展上的贡献体现在 1996 年召开的博士学位的会议和 2000 年召开的设计研究会议。《华尔街日报》曾对此有过相关报道。

挪威

挪威的设计研究发展是因为奥斯陆建筑与设计学院而变得显著的,设计研究起源于它的博士课程。20 年前有观点认为,博士包容性的概念设计研究对建筑具有较强的促进作用。北欧研究教育网络的期刊《研究杂志》记载了人们对设计研究不断加深的认识,北欧同行评议学术期刊 Akademisk 表明,越来越多的领域在进行设计的研究,而这一发展归因于一个由几个博士团队组成的机构。

瑞典

瑞典的建筑设计研究和建筑教育都有着悠久的传统。学院派的建筑教育在发展过程中起到了很重要的作用。乡村学校通过创新教育为建筑引进了一个全新的视角,体现了更专业的设计研究方法。AKAD 网络(这些学校的合作联盟)试图建立起对建筑和设计研究领域更广泛的认识。这一集聚效应的结果使得大家产生了建立更大规模的事务所的兴趣。另外,值得注意的是这个国家在其他创新领域也有显著的发展。

比利时

2003 年,柏林博洛尼亚新的欧洲教育指南要求建筑设计学校培养建筑教育的博士。这是 30 年后第一个在斯堪的纳维亚半岛组织的建筑教育研究。作为著名的建筑实践学校,圣卢卡斯需要开发一种新的研究概念。一方面,设计研究似乎在探究和创新方向上符合欧洲的新政策;另一方面,设计研究也符合学校的应用型工科传统。对各种设计研究方法的定义持开放的态度,可以使这个机构成为员工和学生参与活动的实验室。

本章小结

这四个国家的设计研究实践表明,设计研究在建筑和设计中已经成为一个基于实践、专业领域的新研究模式。根据 Walker 创建的新领域,可以推断出其中的大多数组成部分:随着关键案例数量逐渐增加,集合了各种层次(学士、硕士和博士学位层次)的学位教育、国际研究会议、专著和学术期刊。上述"故事"也显示了设计研究的方式能够在探索性研究创新实践发起的时候发生变化(如在荷兰),有时也通过(博士)研究(如在挪威、瑞典和比利时)带动这种变化。设计研究的国际化影响使得其中包含的研究方法也得到越来越多从业者和设计学者的认可。

参考文献

Akner-Koler, C. (2007) *Form & Formlessness*, Stockholm: Axl Books.

Bunschoten, R., Hoshino, T. and Binet, H. (2001) *Urban Flotsam. Stirring the City*, Rotterdam: 010 Publishers.

Cross, N. (2007)*Designerly Ways of Knowing*, Basel: Birkhäuser.

Dunin-Woyseth, H. and Nielsen, M. L. (eds) (2004) *Discussing Transdisciplinarity: Making professions and the new mode of knowledge production*, Oslo: AHO.

Dunin-Woyseth, H. and Nilsson, F. (2008) 'Some notes on practice-based architectural design research: Four "arrows" of knowledge', *Reflections* +7, Brussels: Sint-Lucas Architectuur:139-147.

Dyrssen, C., Rehal, S. and Strid, M. (2009) 'Dancing with Methods. Structuring Training in Research by Design Processes', *Communication (by) Design*, Brussels: School of Architecture Sint-Lucas: 385-395.

FOA,Ferré, A. and Kubo, M. (2003) *Phylogenesis FOA's ark*, Barcelona: Actar.

Frayling, C., Stead, V., Archer, B., Cook, N., Powel, J., Sage, V., Scrivener, S. and Tovey, M. (1997) *Practice-based Doctorates in the Creative and Performing Arts and Design*, Lichfield: UK Council for Graduate Education.

Gibbons, M.,Limoges, C., Nowotny, H., Schwartzman, S., Scott, P. and Trow. M. (1994) *The New Production of Knowledge. The dynamics of science and research in contemporary societies*, London: Sage Publications.

Gombrich, E. H. J. (1991) 'Approaches to Art History: Three Points for Discussion', *Topics of Our Time. Twentieth-century issues in learning and in art*, London: Phaidon: 62-73.

Grillner, K. (2000) *Ramble, Linger, and Gaze: Dialogues from the landscape garden*, Stockholm: KTH.

Grillner, K. and Ståhl: L. H. (2003) 'Developing practice-based research in architecture and design', *Nordic Journal of Architectural Research* 1: 15-21.

Gromark, S. and Nilsson, F. (eds) (2006) *Utforskande arkitektur*, Stockholm: Axl Books.

Hensel, M. andVerebes, T. (1999) *Urbanisations*, London: Black Dog Publishing.

Janssens, N. (2006) 'The Sint-Lucas Research Training Sessions', *Reflections*+3, Brussels: SintLucas Architectuur: 15-54.

Janssens, N. (2009) *Critical Design in Urbanism*, Göteborg: Chalmers University of Technology.

Jong, T.,Voordt, T. and Cuperus, Y. (2000) *Ways to Study Architectural, Urban and Technical Design*, Congress version, Delft: Delft University Press.

Koolhaas, R. (1978) *Delirious New York. A Retroactive Manifesto for*

Manhattan，Rotterdam：010 Publishers.

Koolhaas，R. (1995) *S，M，L，XL*，New York：The Monacelli Press.

Koolhaas，R. ，Chung，J. ，Inaba，J. and Leong，S. (2001a) *Harvard Design School Guide to Shopping*，Köln：Taschen.

Koolhaas，R. ，Chung，J. ，Inaba，J. and Leong，S. （2001b) *Great Leap Forward*，Köln：Taschen.

Lawson，B. (2002) 'The subject that won't go away'，*Architetural Research Quarterly* 2：109-114.

Linder，M. (2005) 'TRANSdisciplinarity'，*Hunch 9-Disciplines*，Rotterdam：Episode publishers：12-15.

Lootsma，B. (ed.) (1999) *The Need of Research*，Daidalos69.

Lootsma，B. (ed.) (2001) *Research for Research*，Amsterdam：Berlage Institute.

Maas，W. ，van Rijs，J. and Koek，R. (eds) (1998) FARMAX. *Excursions on density*，Rotterdam：010 Publishers.

Maas，W. ，vanRijs，J. and de Vries，N. (eds) (1999) *Metacity/Datatown*，Rotterdam：010 Publishers.

Maas，W. ，Zaklanovic，P. ，de Rivero，M. and Ouwerkerk，P. (eds) (2003) *Five Minutes City*，Rotterdam：Episode Publishers.

Nieuwenhuis，A. and Ouwerkerk，M. (2000) *Research by Design*，Conference Proceedings，Delft：Delft University of Technology.

Nowotny，H. ，Scott，P. and Gibbons，M. (2001) *Re-thinking Science-Knowledge and the Public in an Age of Uncertainty*，Cambridge：Polity Press.

Pedersen，E. (2004)*Mellan tecken，teckning，teori och text (Between sign，drawing，theory and text)*，Oslo：AHO.

Runberger，J. (2008) *Architectural Prototypes*，Stockholm：KTH.

Rust，C. ，Mottram，J. and Till，J. (2007) *Review of Practice-led Research in Art，Design & Architecture*，Bristol：Arts and Humanities Research Council.

Sevaldson，B. (2005) *Developing Digital Design Techniques － Investigations on creative design Computing*，Oslo：AHO.

Sigler，J. and Roemer van Toorn，R. (eds) (2003) '109 Provisional Attempts to Address Six Simple and Hard Questions About What Architects do Today and Where Their Profession might go Tomorrow'，*Hunch*

6/7，Rotterdam：Episode Publishers.

Simon，H. A. (1969) *The Sciences of the Artificial*，Cambridge，Mass：The MIT Press.

Steenberger，C.，Graafland，A.，Mihl，H.，Reh，W.，Hauptmann，D. and Aerts，F. (2000) *Architectural Design and Research：Composition，education，analysis*，Bussum：Thoth Publishers.

Verbeke，J. (2006) 'TheSint-Lucas Research Training Sessions'，*Reflections* +3，Brussel-Ghent：Sint-Lucas Architectuur：9-12.

Verbeke，J. (2008a) 'Developing Architectural Research through Design. Experiences with Research Training Sessions'. Paper presented at the *Architectural Inquiries Conference-Theories，methods and strategies in contemporary Nordic architectural research*，Göteborg：Chalmers Arkitektur. Available online：http://tintin. arch. chalmers. se/aktuellt/PDFs/Verbeke_Developing Architectural research. pdf (accessed 25 September 2009).

Verbeke，J. (2008b) 'Research by Design in Architecture and in the Arts'，*Reflections* +7，Brussels：Sint-Lucas Architectuur：10-15.

Walker，J. A. (1989) *Design History and the History of Design*，London：Pluto Press.

Ziman，j. (2000) *Real Science-What it is，and what it means*，Cambridge：Cambridge University Press.

Zimm，M. (2005) *Losing the Plot*，Stockholm：Axl Books.

4

在设计教育、研究和实践中应对跨学科所面对的挑战

Mark Burry

我们如何把焦点从对个人优秀设计的追求转移到更加广泛地关注那些能促进解决世界设计领域的棘手问题上？在当今的形式下，人们普遍认为，为了扩大设计研究的范围，增加设计研究的影响力，跨学科是一项必不可少的因素。为了增加个体的知识储备，也为了解决当前社会的问题，我们需要结合多学科的知识进行深入研究。同时在跨学科框架中，应利用设计为新的研究提供一个创新的平台。

虽然这个命题在文中很容易叙述，但是在跨学科的设计研究中是否有足够多的博学者，即所谓的"T"型人对其进行广泛而深入的研究呢？答案是否定的，因此我们需要更紧密地协同工作，使设计师更加具备"T"型人的能力。这通常要用到设计学校无法提供的额外资源，更需要设计学科离开原来所谓的安逸的领域。本章介绍了澳大利亚皇家墨尔本理工大学空间信息架构实验室（SIAL）的研究，在优秀本科生及硕士的参与下，该实验室利用研究资助的机会，进行了环境融合的研究，并提供了文本，推进了跨学科的工作。该研究并未提供解决方案，但研究结果仍然发挥了重要的作用。

SIAL 于 2001 年在建筑设计学院成立。SIAL 把对空间设计的思考作为设计的核心，将空间表达和物质结果相联系，架起了空间思维观念到实体结果之间的桥梁，例如：人造物的设计、空间系统表达和复杂信息处理和决策。有一些观念概述如下：

在跨学科设计研究和教育领域设置一个创新型机构，它包含了广泛的调查模式，并涉及高预测性及与产业界相关的两种项目。

SIAL注重将技术、理论和社会问题集成，作为创新议程的一部分。不同学科的高端计算、建模和通信工具都与传统的生产技术相结合。研究人员从事各种项目，这些项目打乱了物质和虚拟的、数字和模拟的、科学和艺术的、以及工具性和哲学上的人为界限。

我们原本不知道自己的角色和使命，解决上述问题就成了我们的使命。这对研究十分有利，可能是因为我们没能对它进行充分理解，从而面对更少的挑战。从最初的深入研究中，我们发现计算机和结构工程之间有惊人的互通之处，但是，通常大学之间的竞争关系（我们学院也是一样）意味着我们所需要的新媒体和交流的途径不可能畅通。本章主要描述了流体设计研究中需要解决的困难。

在澳大利亚研究理事会的大力支持下，经过了五年的成功运作，墨尔本大学试图以通过建立设计研究所（DRI）来增加一个交流平台。该平台将在整个大学里推广，而不仅由教师负责（虽然以前是这样）。这意味着现在的SIAL（作为一个专家小组）和DRI从核心技术、建筑和工业设计跨越到应用艺术。我们的设计研究人员兴趣广泛，无论是从珠宝设计到航空工程；还是从应用艺术、建筑设计、图形创意到写作和沟通；以及从商业文化到社会科学，都展示出他们的兴趣和技能。主要的挑战是让每个人感到设计达到并超出设计之外的影响力，并且在一个相对宽松的环境下，达成一个设计定义和认知维度方面的共识。

内容和挑战

设计、创新和合作等词语已在全球范围内成为热门，在澳大利亚也不例外。2008年，Terry Cutler博士主持了国家创新体系的回顾展（NISR），对澳大利亚所有的创新活动进行了全面回顾（Burry 2008）。这一征集活动得到了超过700个单位及个人的响应，SIAL和DRI都参与了这一活动。在回顾展上，SIAL提供了大量的鸟瞰图，DRI则对相关问题进行了回答。

在NISR发布会上，"创新"被简单地定义为：一种为实现目标而使用的有效手段，即以一种新颖的方法做事，并创造出有价值的东西。十多年来,为使国家成为世界创新设计的中心,我们一直努力地将创造性思维加入到创新议程的核心中来。既然设计对于创新议程如此重要,我们不得不对从事古典研究的设计师质疑,他们是怎样在澳大利亚获得认可,并且取得成功的呢?

设计人员是怎样工作的?非设计人员对此知之甚少。我们重视智能化的设计过程,厌恶自我混淆和断章取义等行为。在非技术层面,这些行为降低了我们在大学里的地位。当然也有一些特例,例如在麻省理工学院的多媒体实验室,与技术学校和相关部门保持商业联系的制度很受推崇。然而信任和尊敬的缺乏会导致资源受到限制,这种"背靠背"的做法对增加行业内的共识一点用处都没有。然而,纵观世界,由于面临着日趋严峻的社会挑战,设计师被假设为一个集体的合力。最近在斯坦福成立的 D-School、伯克利的设计中心以及英国皇家学院的艺术学科(RCA)提供的工业设计工程(IDE)计划等,这些集体的努力,为其他国家的相关领域指明了新的方向。

不鼓励集团化是为了获得更大的利益,从而克服设计团队的功能障碍。这种功能障碍通常被标榜为可以帮助培养设计天才的才华和能力。但在网络全球化的现代,我们不应仅依靠具有创造力的个人,而应借助团队在不同学科的行业经验,因为个人的能力是有限的。

澳大利亚现有新体系中缺乏优秀的设计,其主要困难有六个,同时它们有着相互的关联性。我们要利用响应国家创新体系的机会,来阐明这些困难,因为它们阻碍了设计部门发挥其潜能。同时,我们应呼吁加强国家的支撑体系建设。作为团队的核心创新者,设计师应聚集在一起,成为具有创意并积极寻求问题解决办法的团队。

各学科发挥集体创作力所遇到的困难

困难一:疑难问题与简单问题的解决方法

设计很难融入主流的首要原因在于建筑师有限的设计水平,

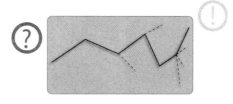

图 4.1

疑难问题和简单问题解
决方式的比较

其次原因在于设计人员和用户之间的沟通能力。

Horst Rittel 曾说,设计首先被确定为疑难问题的一种(Rittel and Weber 1973)。疑难问题即求解时出现的新问题,答案介于黑色和白色答案之间。设计师寻求好的解决方案,并不指望拿出正确的解决方案。疑难问题的六大特征已被 Jeffrey Conklin(2001; after Rittel's original 10)归纳如下:

(1)直到找到解决方案,才能理解问题。

(2)疑难问题的约束是动态变化的。

(3)疑难问题的解决方案没有正确与错误之分,只有更好的,更糟的,足够好的,或者不好的说法。

(4)每个疑难问题本质上都是独特和新颖的。

(5)每个疑难问题的解决方案都是一次性操作。

(6)疑难问题没有替代的解决方案。

这六个特征已经打乱了科研经费的流程,而指向了最先由 Rittel 定义的其他问题。Conklin(2001)对以上描述进行了简化,并将它们描述为六个简单问题的特性:

(1)有一个明确、稳定的问题描述。

(2)问题解决时,有一个明确的停止点。

(3)有一个解决方案,可以客观评价对或错。

(4)属于一类的类似问题,都以类似的方式解决。

(5)解决方案,可以很容易地尝试和放弃。

(6)提供一个有限的替代解决方案。

投资机构对于简单问题更加容易提供基金资助,这是规避风险的一种方法。因为设计是个疑难问题,相对简单问题,资助设计的"失败"风险就更大。

困难二：设计师群体形成的离散学科筒仓

致使设计师没有受到资金资助部门的重视，从而失去了核心地位的第二个困难是他们无法言行一致。一般来说，虽然行业公会对手工艺者有完善的行业保护，但是行业公会依然会优先保证自己的权益。在某种程度上，这样的私人动机在现代生活中随处可见。协同实验除了能够快速地解决问题，也具有创新务实的特点。然而在澳大利亚还没有充足的资金来源来支持这些实验。

实际上，产生这一情况不仅是因为设计师"创造性"有限，还有一些看似不相关的因素，如缺乏其他领域的设计师等。迄今为止，各工作室的不同情况及自成体系的工具成为各学科的自然分隔符。当我们在相似的工作空间中使用工具时（数码打印机，三维快速成型等），情况会发生很大的变化。因此，当我们在大学里谈论设计研究时，指的是整个谱系范围内的技术和艺术。进行必要的多样性研究是在对社会做更大的贡献。它并不代表专业知识的薄弱，而是代表了通过很多复杂社会要素分析不容易维持内部能量和对外信誉，这种社会要素不仅仅是指必要的有用性，例如，"汽车司机"和"衣服穿戴者"相对于"交通使用者"和"气候调节器"。

图 4.2

设计学科筒仓

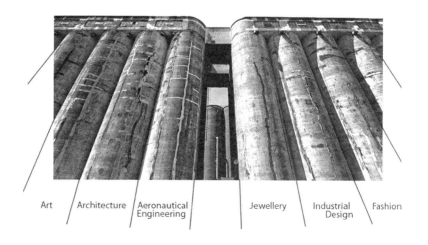

Art　Architecture　Aeronautical Engineering　Jewellery　Industrial Design　Fashion

photo taken by aqui-ali: http://www.flickr.com/photos/aqui-ali/825171742/

55

困难三:"设计研究"的确定——多个方案,但最适合的
只有一个……

　　设计是一种调查方式,也是生产知识的一种方式;这意味着它
是一种研究方法。

(Downton 2003:1)

　　阻碍设计在创新中发挥其显著作用的第三个困难是其与传统
研究惯例的尴尬关系。正如上述两个问题所描述的,如何不借助
多元化团队的协作,重新定义研究进程的主题?这个难题可以用
一个简单的方式来解决:设计就是研究(Glanville 1999:81)。从控
制论的角度来看,研究和设计是单独的活动和行为,研究是"一个
(限制的)设计行为,而不能说设计是不充分的研究"(Glanville
1999)。

Creative team　　　　　　Emerging topic

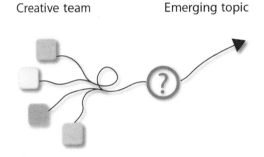

图 4.3

问题可能从答案里出现

　　我们通过设计来研究:"在设计中我会反思,这是设计过程中
的一个重要部分,我通过设计来增长知识",这是 Donald 的"反思
性实践"(Schön 1983)。为设计做研究("我研究,然后我会用最近
所学的知识来设计"),在这个困难的领域中,关于设计的研究("我
是一个学术型学者,想知道所有关于设计的东西")似乎不像设计
的标识那样引人注目。

困难四:设计学科之间缺乏凝聚力

　　导致设计师的研究边缘化的第四个困难是碎片化,与对学科
筒仓小心谨慎的创造不同,在这一方面我们做得"相当好"。这个

问题在设计团队中得到了很好的理解，Jeff Conklin 对此给出的解释如下：

> 集体智慧是一种对社会自然属性共享的认知，是一种自然的团结协作。但也有挑战集体智慧的自然阻力，使得合作项目变得困难重重或不可能，这些阻力随处可见。
>
> 分化提供了一个名称和图像，拆分了原本应该完整的东西。分化的状况下，参与者更加独立，信息和知识分散而又混乱。分裂的碎片在本质上是合作者各自的观点、理解和意图。举个例子来说，当项目的利益相关者都认为自己的理解是对的，就形成了分裂。碎片也可以被隐藏，如当不兼容的隐性假设问题存在时，利益相关者却不知情，每个人都认为自己的理解是完整和共享的。
>
> （Conklin 2006：2）

图 4.4

缺乏凝聚力

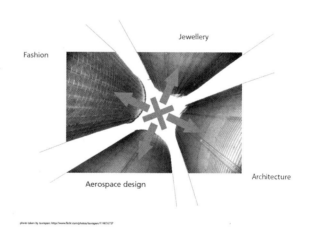

在有外界帮助的情况下，我们可以不顺从"自然力量的分裂"。像芬兰和丹麦这样的国家，其浓厚的设计文化已经在本土以外获得了认同，这种文化形成了很强的集体力量和方向意识。在很多情况下，外部机构更欣赏精心设计的产品，而不是质量不好的。

困难五：模糊的跨学科/交叉学科/多学科的关系

如何在跨学科/交叉学科/多学科中维持协同效应？研究这一问题有助于设计的创新。设计师与技术人员进行高效的合作很容易,做好自己学科内的工作却不太容易。最近澳大利亚有一个"有效处理"与跨学科的研究建议。这个建议在专家咨询工作小组论文(EAG 2007)中有18页的详细介绍。论文有两个目的,其中之一是要在"澳大利亚研究质量评估体系(RQF)[已废止]的优选模型中包含的跨学科研究的评估方法"方面获取共识,以对跨学科项目获得经费资助显著上升这一情况做出回答。在2001年至2004年期间,跨学科申请项目已上升至所有提交项目数的1/3。

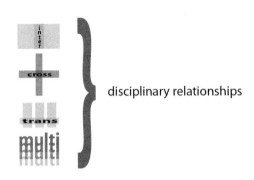

图 4.5
学科筒仓效应自动抵抗凝聚力

　　如前所述,设计学科中的社交障碍限制了学科间的互动和合作,除非没必要,否则的话:为了得到可行的结果,手机设计师必须与一个信号工程师合作,就像一个建筑师要和土木工程师合作一样,这些是促进形成伙伴关系的例子。在澳大利亚,单一的合作已经变得几乎不可能了:如果一个珠宝商与机械工程师合作(会产生永恒动能的珠宝手表),或一个平面设计师和一个分子纳米专家合作(会由油墨产生特殊的效果),将会有什么事发生? 解决方法就存在于研究本身的情况下,我们不仅没有鼓励更多有创造性的解决方案,还面临着研究和基本概念缺乏的问题,这就是"困难五"。

困难六:对设计和设计研究能力重要关系的概念否定

　　在设计研究中,如果教师试图把教学和学习从设计研究中独立出来,那将永远受挫。大多数设计学科已经放弃了"设计方法学",它有利于学习技能的开发和创新性的探索。每个学科都相互合作,并通过少许创造性对立来促进其他学科的发展。现代大学的结构和学科的起源导致了某些设计学科的筒仓效应。在当前情况下,土木工程师和建筑师需要的工作室像两个教室一样大小,并需要保持员工与学生的比例。这似乎与长期以来的工作室模式不相符。不是因为学生的数量与此不成比例，而是没有足够的学者来教授交叉/多/跨学科课程，因此，需要一定数量的教师作为学科促进的代表。

图 4.6

纪律性的工作有多种选择

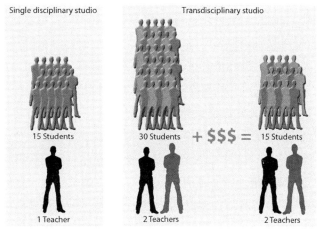

如何更好地支持核心创造力

最困难的关系：研究与项目所构建的外部合作者的联系。

图 4.7

学院、研究和实践

大学，实践和研究小组完美的协同合作

秘诀是什么？

耐心的宽容的客户，坚信税收资助的研究可为公众谋利益的政府，愿意分享知识的实践，能与有局限的真实世界合作的大学，情愿延长学习年限的研究生

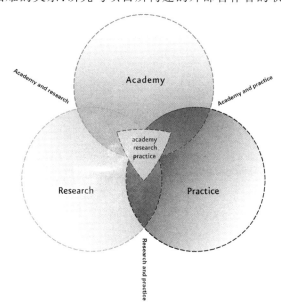

很多研究资金的申请是由项目所决定的,其中包括外部的合作者。作为一个单独的因素,这些不同的外部合作者应该相互团结。在澳大利亚以及联邦政府,外部合作者包括工业部门、商业部门、专业实践部门、公共部门、文化部门、政府以及非政府组织。规模指的是问题的复杂程度,承担任务的团队的大小,以及其中的一系列原则。价值指的是研究的受益人(不是影响)以及长期的利益,而非短期收益。

在大多数国家,并没有试点项目的鼓励政策。实际上,这些试点项目是有风险的,它们只有成功后才有可能继续进行,因为没有固定的资金机制为它们提供赞助——赞助商们更容易对艺术提供资金,而不是对设计进行投资。在项目开始之初开设一个假定规模和价值的合作研究中心需要付出大量的努力。研究团队在生成资金方面的需要有更多的灵活性。对于复杂而又不确定的项目来说,这是个按部就班的过程。为什么不建立一个支持试点项目的资助系统,从一开始就慎重考虑并支持一系列的迭代扩展计划呢?同样当项目开始之时,为什么不资助研究团队,将他们的工作发展为更加有前景的新领域,而不是如往常一样随意关掉他们的项目呢?设计部门将会从完全不同的资金评估程序中获益,程序涉及外部的合作者,而不是国家资金协调机构。这两者的差异首先在于外部部门的评估有助于研究进程,其次,项目中资金资助者的后续进展过程更加协调,这样既能保证质量,又能突破学术界限,从更加可信的途径来获取知识,设计中把进展审查作为指导课程而不是检查监督。这看起来似乎不能引起研究者的兴趣,然而雇主及提供经费的机构的兴趣都是一致的,即获得成功。没有大学想要一个投入大于产出的研究团队。一个进入年度项目健康体检的研究团队,他们可能更加倾向于年度研究审核,因为这样将比进行一次又一次小型检查获得更好的处理效果。

跨学科:面向 21 世纪的综合型大学

这里有很多运用多学科方法来解决项目问题的例子。在我所工作过的所有的大学之中,一旦工作超出了最初的计划和初期讨论的范围,合作的实际成本被确定了,教学与研究工作的矛盾也就产生了。额外的合作费用可能是往返校园的交通费用,或是共享技术支持的费用,但它们是最基本的费用。让我们来考虑之前在"困难六"中提过的建筑师以及工程师的案例。最好的情况是建筑师和工程师是设计师内部之间合作的例子。最坏的情况是,工程师是服务于建筑师的,这会限制创意交互的机会。

众所周知,在专业实践的过程中,建筑师和工程师在主体建筑上是相互合作的,但在此之外,却很少能体会到他们在现实中的疏远关系。因此,这种疏远即为合作设计专业之间的疏远,如工程师的 3D 软件不能够识别建筑师的 3D 数字模型,反之亦然。这是对时间和精力的严重浪费。这表明了每个机构从智力、情感、实践上与其他机构的距离。与此类似,大学中的建筑部和工程部也都是分开的。全世界只有少数杰出的学校成功解决了这个问题,如英国的巴斯大学。

实践模式分离的原因很复杂,向前可以追溯到手工业公会的特权,然后是,随着众多商铺倒闭,众多细分职业诞生。不难理解,财政上的困难会使得这一情况更加严重。

工作室历来就是设计师获得灵感的沃土,首先他们作为学徒,形成了自己的风格。一般建筑师和工程师的办公室都像工作室一样大家都在一起,而不是员工相互分开的办公室,因为开放的共享创意对任何创意性项目而言都是不可或缺的。

把学建筑或者土木的大学生组织到工作室中相互合作,在理论上很简单,但是以现有的财政模式,几乎没有办法得到运作资金。工作室里导师与学生的比例为 1∶15 比较合理,这样在全日制条件下,每个学生都能在其他同学都在场的情况下得到老师 30分钟的辅导。如果建筑学和土木工程学的专家(来自两个专业的老师)将建筑学和土木工程的学生融合到同一个课堂里,则能缩小两个专业之间的鸿沟。除非能找到其他资金来源,用来为工作室不断增长的专家支付薪水,否则建筑学和土木工程相融合的工作室里,师生比将达到难以控制的 1∶30,这是一个公认的教育和实践的难题,阻碍着学生跨学科设计能力的发展,而这种能力对任何国家来说都很重要。

　　跨学科的"课程"将会是什么样的？如何授课、谁来授课？在课程的申请由那些没有跨专业教学经验的专家评估的条件下，相关的知识如何产生？参与这些知识的创造都需要什么能力？这些能力如何培养？

(Gibbons 1997)

　　这里所指的模式是跨学科的，与交叉、相互或者多学科有本质的不同(O'Reilly 2004)。跨学科者通过实践来发展他们自己的学科，与他人共享工作空间来达到相互交融的目的。但是，他们以项目为基础工作来重新定义他们的学科。因此，他们得以保持自己的专业性，并通过在共享环境中进行完全透明的设计，使设计的专业性得到成功的转变。与那些样样皆通、样样皆松的学科不同的是，如果有足够的发展条件的话，这些学科将会取得丰富的成果。

　　跨学科相当于前理工科理念在 21 世纪的等效物，在这些大学和机构里，设计师与工程师相互鄙视，并且各自陶醉在自己的专业性和事业当中。而互联网带来了各种可能性，并超越了学科的界限，以前的那种模式已经被淘汰。如果需要跨学科知识更好地融合的话，我们需要获得更大的支持，也许现有的资助机构能为我们提供这样的帮助。

嵌入实践

　　我们通过不同于以往长期存在的引导手段，即通过"嵌入实践"的方式去开拓思路。实践期限是两年，即从博士第一年到第三年，他们 90％的时间将投入到在我们的 SIAL 工作中，实验室中的协作实践研究都是在合作的环境下进行的，同时会有资深的合作监管人员协管。

　　这虽然不能说是一个新想法，因为数十年来医学和科学界已经有很多关于这个模型的实验，但是至今在建筑设计实验领域也没能发掘出这个模型的所有优点。不同设计工作室的实验者们团体合作，搭建起了实践和观念之间的新桥梁，建立了以前从来没有

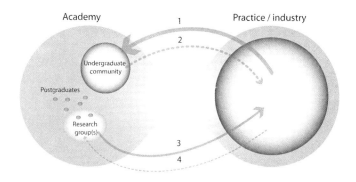

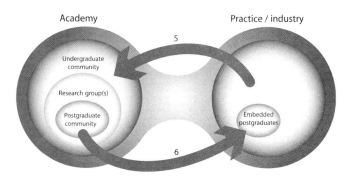

图 4.8

上图：典型的学术和实践之间的关系。这种实践做法对建筑学校的主要贡献是通过大量支持本科教学计划（流 1）和设计工作室来实现的。有天赋的学生可能会作为"实习生"被邀请回来参加实践和学习（流 2）。研究生通常把自己当成研究机构中的个体，但往往有些远离学校的核心业务（教学）。有时，实践环节中需向研究小组咨询，主要是技术输入的问题（流 3）。同时，如果实践有时间以这种方式径流（流 4），可能会为研究小组提供"科学问题"，这是很有益的背景支持。

下图：在确保包括设计工作室的贡献在内的所有交互作用中研究起到了最基本的作用，通过研究来加强"大学－实践关系"。研究生形成了一个嵌在研究小组中的一个小团体，研究小组也很明显地以这种方式嵌入学院，本科生团体屯是如此。实践环节通过导师制和兼职教授模式来支持学院的教育（流 5），嵌入式研究生是攻读学位全部时间内由实践全时管理的阶段（流 6），这种模式提供了一种为其返回学院研究小组的正式的联系途径。

的知识共享平台。现在我们在 SIAL 的第四交互影响阶段，但是每年我们都会寻找新的行业合作伙伴，同时为这些已试验过的项目（当然是不同的项目）增添新的程序，以确保研究的可持续性。在澳大利亚，我们没有长期发展而又经费稳定的研究项目。

这个项目运行最好的表现是使研究生们有三到五年的实践经验，并获得与其他高薪阶层设计者一样的薪金。在设计中，最想在项目中脱颖而出的研究生，最容易在他们的同龄人中成为高水平的设计者。

图 4.8 对比了典型的碎片化式的设计学校（上图）和嵌入实践模式的学校（下图）。

结论：对研究生激进项目必要的反思

在本章中，我首先概述了 2001 年 SIAL 的研究和 2006 年的 DRI 研究，进而探究了跨学科协作设计研究的机会。然后，我发现在科学研究占主导地位的国家，往往缺乏对设计研究的尊重。我将这种情况与设计研究者正面临的机会进行了对比分析，这些机会能使他们投入到处理困扰社会的更紧迫且棘手的问题中。六个主要障碍问题经分析确定下来，而且或许它们的组合对澳大利亚更具独特性，但在其他国家也可能存在这种情况。

我们的嵌入实践项目正有着积极的改变，使设计研究更好地解决世界性的问题，而不仅仅局限于设计领域。虽然我们现在还不能完全自筹资金，但是在国家竞争基金的支持下，我们得以进行研究。我们的博士研究生正在寻找影响世界的方式，并通过团队实践，在产业界和学术界取得了阶段性的成功。通过这种方法，我们能够看见更多意想不到的设计研究的机会。

参考文献

Burry，M.（2008）*Submission to the National Innovation System Review*，*made on behalf of the RMIT University's Spatial Information Architecture Laboratory*（SIAL），RMIT University.

Conklin，J.（2001）'Wicked Problems and Social Complexity'. CogNexus Institute［online］http://cognexus.org/wpf/wickedproblems.pdf（accessed 1 August 2011).

Conklin, J. (2006) 'Wicked Problems and Social Complexity'. [online] http://academic. evergreen. edu/ curricular/atpsmpa/Conklin% 201. pdf (accessed 1 August 2011).

Downton, P. (2003) *Design Research*, Melbourne: RMIT University Press.

EAG Working Group (2007) Mechanism of Assessment – Panels/Cross-disciplinary Research. [online] http://www. dest. gov. au/NR/rdonlyres/ F6368EE8-6F45-4286-94C96C4A3011526A/7864/MechanismsofAssessmentPaper1. pdf (accessed 1 February 2008).

Gibbons, M. (1997) 'What kind of university? Research and teaching in the 21st century', Victoria University of Technology 1997Beanland Lecture, Melbourne.

Glanville, R. (1999) 'Researching design and designing research', Design Issues15 (2): 81.

O'Reilly, M. (2004) 'Educational design as transdisciplinary partnership: Supporting assessment design for online'. In R. Atkinson, C. McBeath, D. Jonas-Dwyer and R. Phillips (eds), *Beyond the comfort zone: Proceedings of the 21st ASCILITE Conference* (pp. 724-733), Perth, 5-8 December (for a broad discussion on the parameters of transdisciplinarity). [online] http://www. ascilite. org. au/conferences/perth04/procs/ oreilly. html (accessed 1 August 2011).

Rittel, H. and Weber, M. (1973) 'Dilemmas in a general Theory of Planning', *Policy Science* 4: 155-169.

Schön, D. (1983) *The Reflective Practitioner: How professionals think in action*. London: Temple Smith.

5

迈向新的专业教育和实践

Hidetoshi Ohno and Bruno Peeters

日本和欧洲各国，在城市景观、教育模式以及设计师的工作环境方面是截然不同的。然而，他们却面临着相同的挑战，即所谓的"软实力"问题。本章是对 Hidetoshi Ohno 与 Bruno Peeters 所代表的东西方文化在诸多问题交流上的补充和延伸，这些问题包括设计研究、相关实验、合作研究以及教育事业的问题。

作者有在东京大学和布鲁塞尔圣卢卡斯大学的执教经历。这两所大学分别代表着两种特色鲜明的传统教育，都有着悠久的历史，并正在经历着学校教育变革性的重组。

从东京大学 1877 年建校以来，建筑学一直是工程学院组织框架里的一部分。在历史上主要侧重于技术和工程方面。远东的第一所现代化大学建于 1868 年，是在日本明治维新（这是日本社会从封建到现代的过渡时期）之后，大学从成立之初就成为在日本领先的学术机构。作为日本整体现代化进程和新的精英教育中一个重要的战略工具，学术研究成为考核大学绩效的核心内容。

如今，东京大学在本科层次共有 22 个院系以及 35 个研究院系，其中包括可容纳超过 28 000 名学生的研究生院和科研院所。在上海交通大学发布的世界大学学术排名中，它是排名最高的非盎格鲁撒克逊机构。大学的教育学制是按照 4-2-3 年的模式组织的，包括获得一个完整学位的四年本科专业课程，以研究为导向的两年硕士课程，以及随后的三年博士课程。

1998 年，一个新的前沿科学研究生院（GSFS）成立了，设计学科包含于其中。GSFS 由三部分组成，分别是跨领域科学、生物科学和环境研究。其目的是通过学科重组，扩大领域研究与开发创新。

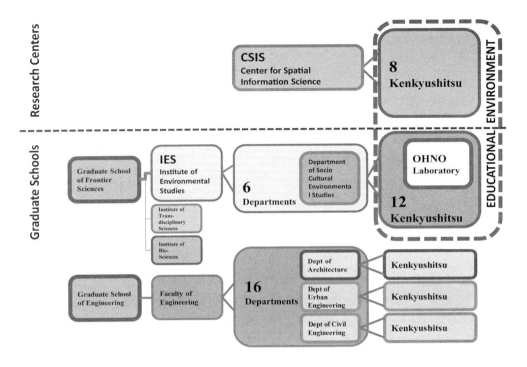

图 5.1

东京大学教育体系中的
前沿科学研究生院
(GSFS)

　　圣卢卡斯建立于 1862 年,是布鲁塞尔历史最悠久,规模最大的以建筑学专业为主的学校,它建立于新哥特式运动的高潮时期,其设计教育与工艺美术运动联系紧密,最后形成一种强大的、基于工作室模式的设计理念和方向。

　　秉承传统"美术"的学徒式的教育,学术和教学人员高度重视练习和教育的结合。圣卢卡斯大学包含建筑学、城市规划、室内建筑学与室内设计等几个系,共计 1 720 名学生,在其校友中有许多有名的比利时建筑师。

　　遵循欧盟通用的标准,圣卢卡斯建筑研究生院提供了一个为期三年的学士课程,以及为期两年的建筑学或城市规划硕士课程,目的是使学生达到执业建筑师或城市规划师的水平。最近获批的一个主要针对教师和教学人员的博士项目。为了完成这一漫长的过渡阶段,最近圣卢卡斯大学与鲁汶大学合作,这些课程从 2013 年开始将被完全纳入新的建筑与艺术学院(FAA)。

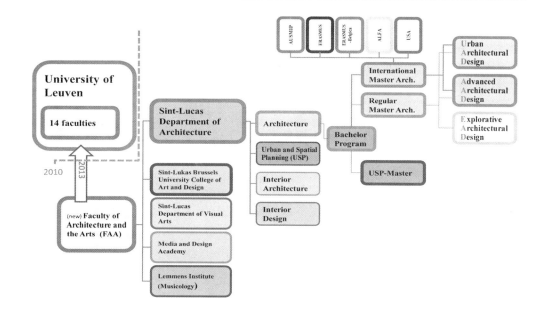

图 5.2

圣卢卡斯建筑研究生院
建筑和艺术系(FAA)的
教学框架

背　景

在过去的十年中,日本和欧洲各国都经历了很多高等教育改革,似乎这两个方面(教育和实践)一直处在转型过程中。在一个日益国际化和竞争越来越激烈的环境里,改革的长期存在,形成了超越已有教育实践的应用潜力。

在整合科研、设计与教育资源上,两个部门经过了多次讨论,在试验层面和开放态度的调整上找到许多共同点。

因此,本章只是一个临时的报告,反映出一个如此复杂的阶段:随着价值尺度的变迁,人们的认识也相应随之不断变化。在一个稳定阶段,价值尺度会相对稳定,于是设计的目的和方法将会不言而喻,十分分明。然而,对于任何一个价值体系在其将达到明显的顶点前,通常已经存在着迈向一个新的价值体系的创造活动。在过去的 200 年里,自然科学带来了巨大的进步,现在很少有人毫无保留地为技术至上主义竭诚喝彩。社会主义意识形态的崩溃,随之带来的自由主义共识、政治体制和经济制度,似乎是短命的。显而易见,在进入 21 世纪的十年里,我们已经接近现代主义的尾声,没有怀疑论的时期也已不再。

教育一直根植于传统中,为下一代做着准备,前辈的成果为我们提供了充足的知识,为未来的设计师提供了理念、指导方针和思想。然而,随着时间的推移,在讲授基础知识的过程中,实验往往会演化为改革的阻力。

与科学相比,建筑设计重视空间创作,并不完全依靠科学发展。与人文科学类似,各个历史时期都有许多关于建筑学或城市规划的争论。例如,尽管现代技术在罗马时期还不存在,但那个时期的建筑一直到现在都在被人们称道,考虑到当时的需求,只需要很少的技术即能满足当时的使用要求。然而教育也必须不断地寻找新的领域,并且在该领域中也存在着前卫的想法。与哲学类似,同一问题会不断受到挑战,这就意味着解决问题的方法也会不断改变。

在各个不同的历史时期,建筑和城市要履行一定的功能,因此建筑形式和城市形态也在不断革新。与此同时,建筑风格也是一种具有代表性的媒介,当设计理念或用户意识形态改变时,其包含的内容和自身的代表性也会随之改变。

这就是为什么建筑学在关注传统的同时,也要关注新的领域。在教授当今的建筑学趋势时,学生们会明白,现有的也很快就会过时。因此,教育不仅需要对经典名著或是已有知识进行教学,同时还需要探索新的领域,并质疑现有的知识。由于建筑设计所传达信息的方式往往对解决方案具有的高度敏感性,所以我们必须注意,要随时紧跟这种趋势。

将新的领域纳入教育体系需要一种前卫的态度,这样才能探索出全新的知识。在我们看来,这个目标可以通过研究达到。建筑研究与其他研究一样,天生就被赋予了探索新领域的任务。这是至关重要的,将研究纳入设计教学深刻改变了我们现在的教育。

我们这个星球现在有超过 64 亿人,人口的不断增长给地球造成了越来越大的重负。一些发展中国家的崛起正在前所未有的环境危机。这种不断寻求增长的经济模式是不会持久的,因此,我们必须在当下着手放缓危机的发展速度。

如今许多发达国家都面临着人口急剧老龄化问题,日本也同样正面临着人口的快速萎缩。日本人的预期寿命在世界上是最长的,使得这一问题进一步恶化。基本建设投资现在也已经开始萎缩。但它仍然在国民经济中占有相当大的比例。"标准固化"的凯恩斯主义政策,几十年来成为了日本历届政府通过投资建设来刺激经济的依据,现在也逐渐站不住脚了。这种单方面的增长,加上一个宽松的规划工具,留给日本的就是大规模的城市扩张和郊区社会道德的沦表,以及对传统城市规划的抵制。

和日本郊区景象比较类似的是比利时的城市化蔓延,几十年的国际自由主义政策导致了我们面对同样的城市化问题:例如,我们如何从设计师的角度去反思城市化问题。

从这个角度看,"紧缩"的问题与人口的骤减没有必然联系,却涉及更为广泛的全球环境危机。作者相信,在不再能够依靠扩张的情况下,仅仅对我们未来的规划师和建筑师进行经典化教育,已经失去了它的意义。

"缩减"成为一个重要的主题,重新定义设计师的角色需要一种超越常规的教育。然而,将研究和设计联系起来并不是一个给定的事实,在任何领域,我们都需要假设和验证测试,然后通过大众检验和应用反馈的成果得到广泛认可。然而,这种方法在建筑和规划领域却很难实现,因为没有条件或标准存在,正如 STM 所研究和出版的内容。狭义上说,即使你有一个令人兴奋的假设,并且可以验证其有效性,只有当你得到一个适合你的设计委托,才能验证其有效性。很难想象这种理想情况能成为现实,在这方面,我们把毕业设计工作室充当实验测试场地,把学生的建议作为实验的结果,在不确定的背景下,与教授们一起创造出新的价值。

无须赘述,如果想在教育和研究之间取得最佳的平衡,那么它们的关联性对两个部门都会形成重大的挑战。建立综合性的研究和设计平台需要发展新的格式,以呈现出对传统机构的明显突破。ASUMIP 项目作为第一个日本-欧洲各国建筑与规划专业硕士交流项目,实现改革与日益扩大的国际化并行,在项目实施过程中加大创新力度。通过定期对交流框架的扩充,对两个部门都产生了相当大的影响。

与一些其他欧盟资助的项目不同,AUSMIP 财团没有强调联合课程,但注重与各伙伴间的合作,以及让学生在不同院系的技能拓宽。

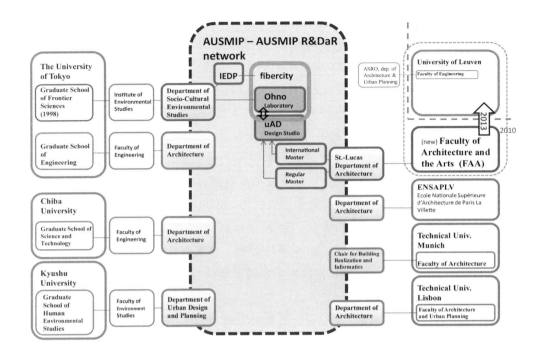

研究平台

IEDP

自 20 世纪 90 年代起,日本的建筑教育体系经历了一系列的重组,并在 2004 年和 2009 年将改革推向了高潮。GSFS 这个新的学部是这次转变的重要标志。在 GSFS 中,其教学所面临的主要挑战是整合与设计工作室相关的新学科。

这直接导致了集成环境设计项目组(IEDP)的成立,该项目组由六个工作室组成,它包括人造环境、建筑、城市规划、城市农业、农业和森林管理六个工作室,学生们可以自由选择学习的方向。尽管东京大学有许多不同的设计工作室,导致了高度的职业分工,但是各自的分工也导致了局限性。由于 IEDP 这样的设计工作室与其合作机构在同一个地方,这就允许相邻学科形成长久互动。这个过程涉及个体单位和实验室到新体系的整体转变。因此,大野实验室从最初隶属于工程研究生院的建筑系,转移到了 GSFS 的社会化环境研究系,这个系聚结了人文、市政工程、建筑学及城

图 5.3
AUSMIP 程序,是日本－欧洲各国的一个有跨时代意义的建筑交流,它以大师的水平连接了东京和勒芬的大学

市规划学科。

uAD

1999 年在欧洲,博洛尼亚协议引发了一场结构性的转变(集中表现在三轮学术小组讨论上),这促使圣卢卡斯整合其核心活动范围内的研究,以符合学术规范,这个转向最初是由外部因素触发的。圣卢卡斯的核心是一个仅与设计相关的系,无论是教育、教育学或者研究,都是由设计工作室完成的。在理想情况下,设计工作室的研究和科研产出应尽可能一致。首先,这将要求对工作室的组织和方法进行改革,创立了三个硕士培养方向,面向实践的建筑设计,强调艺术研究和设计的探索性建筑设计,专注于城市转变过程中,定位城市规划和建筑的城市建筑设计。这些方针大幅度地改变了设计工作室的概念,它可能成为设计师们的专属领域。在较长一段时间内,它可能首次发展其主题并开展研究。

从以上两个院系整合的案例可以看出,通过研究和设计的联合运用,这些变革为重组设计工作室设定了条件。然而,具体实施起来却不是一番坦途,旧院系中传统理念的顽强和弊端都得到了完全的展现。

东京大学具有历史悠久的研究传统,它的设计教育逐渐变得越来越独立,不隶属于技术和工程领域的范畴。然而,在圣一卢卡斯,研究几乎是从零开始,不但设计工作室是如此,还包括整个院系本身,这就导致了不断的尝试与错误的发生。在东京大学,是从整合现有的研究室或者实验室开始的。

研究室

传统上,在日本的研究生院,研究室是一个典型的支持研究和教育科研的单位。它通常是由一位著名教授领衔,由多名助理、研究人员以及研究生组成。对于一个设计专业的学生来说,写论文是强制性的。他在导师和高年级学生的辅助下,总结他们的研究成果。学生在研究室的参与是非常广泛而普通的,因为他们可以听其他教授的讲座或参与设计工作室的研究。除了一个集体的研究平台之外,研究室也成为一个重要的社会纽带,并且在实验室的认证方面也是强项。

研究室在科学研究领域中有很强的传统，通常研发类似于科研院所的研究主题，学生们也被分配一部分研究工作。研究室追求这样一个合作的过程，对设计项目的教育角色与我们所熟知的传统持不同态度。因此，研究重心已从由集体设计任务所决定的个人设计，转变到面向团队合作、更为广泛的研究项目。

策略或者设计研究

在布鲁塞尔，设计工作室在以前的导师分配方案的基础上，需要重新定义每年的作业。然而这种作业形式却是非常原始的模式，它不允许导师和学生之间有多学科研究和外专业知识方面的互动。解决策略就是通过两个不同的理论集群的合作，在设计之中将每个固定任务进行互动，这样在设计工作室里将设计、理论和研究综合起来。这些理论集群，要么提供具体的理论框架，要么请理论教授参与到设计中来，指定特定的方针和内容。

除了研究问题本身，部门的成果也会发生改变，这也许是最好的毕业设计例证了。在近期的改革之前，毕业设计是向外界证明自己的形象和声誉的重要手段。毕业设计几乎只关注设计，高度强调学生的主题和任务的个性与原创性。事实证明，这是一个关键的薄弱点，因为它鼓励学生去参与远超出他们能力的项目。其结果往往是华丽的演示，却没有实际的成果。虽然高度强调学生的成熟和自主性，但是教学项目是注重一对一交流的，在为个别学生投入太多的同时，将会造成资源紧张，实际会增加学生的依赖性。

有些策略试图遏制住这种依赖性，降低毕业设计所占的权重，来提高学生整体的文化素养。然而，这一点实施起来却很费劲，因为它直接影响工作室的自主性，毕业设计也是体现设计师自主设计能力的终极标志。理论和设计之间的合作，并不能对提高设计师的水平起到多大的帮助。伴随着戏剧性的变化，学生教育失败的百分比增加，毕业设计系统濒于崩溃，这一系列事件导致了第二次改革，我们仍在努力寻找解决问题的策略，研究项目以及毕业设计仍被认为是教育的目标。

在这样的背景下,出现了为 AUSMIP 学生所开发的教育试验模块,它要求在日本做毕业设计,其中包括作为标准模式的论文研究和与教授的研究方向相协调的实践研究,研究统筹和主题作业在相对应的系统实验室中进行。因此,毕业设计、研究和方针逐渐地被更好地整合。与基于项目的传统的设计教育相比,设计工作室的特殊性在于长期的研究和教育项目组合带有一种与生俱来的风险。从某种意义上说,带头的教授成为最终的参考和权威,以确认他自己的研究假说和模型。由于在这里,两个部门遵循完全不同的路径,因此,接受跨学科的检验就变得至关重要了。

uAD 国际化

在布鲁塞尔,以研究为导向的改革与国际化的发展齐头并进,产生了两个完整的以英语为主导的组织部门,uAD 和 aAD,它们领先于随后出现的国际硕士课程。新近提出的这些国际方针在整合设计工作室、理论和研究方面有着更大的优势。

由于没有任何一个国籍的人员占绝对多数,使得一个非常广泛和令人振奋的多元化的教育和文化背景相互共存。大多数国际学生主要是通过交换项目如 Erasmus 或 Ausmip,在圣卢卡斯完成他们的硕士第一学年学业。虽然研究和工作室之间的纽带依然存在,但是如此巨大的波动,在某种程度上也限制了他们在设计工作室长期发展的可能性。然而各国籍人士的高度融合,也促进了大量理论的出现。

RTS

除了设计工作室的问题之外,在圣卢卡斯培养的一种研究的文化氛围也是至关重要的,而选择顺应圣卢卡斯传统性的优势,把重点放在设计的相关研究上,这导致了 2006 年 RTS(科研训练会话)计划的产生,它是一个面向设计师的、基于实际的、为期两年的研究生课程。该计划使得大量的设计项目得以产生,与先前的"横向"系统设计分配方案非常相似,各部门在其各自领域从事自己擅长的研究。为了遏制研究的边界,以确保研究的质量和相关性,计划在与外部国际专家保持密切的合作中进行。最初计划专注于内部培训,现在已经向外部参与者开放了。

柏市城市设计中心

GSFS 形成了一种完全不同的创新模式。东京大学新的第三校区坐落于柏之叶片区,同时也是筑波高速铁路沿线系列的公共设施、商业及住房发展计划的重要组成部分。这使得东京大学、千叶大学、柏市以及三井房地产公司都在这个地区参与城市发展,并建立了柏市城市设计中心(UDCK)。UDCK 演变为一个独特的交流平台,致力于解决大众关心的问题。UDCK 与当局进行了协商,并支持市民积极改善周边环境的行动。值得注意的是,UDCK 有自己的建筑,这个场地不仅充当促进本地环境文化的会议场所,同时也成为了一个教育机构。IEDP 设计工作室就建在这里,并永久地向当地居民开放。市民、专家和市政官员都可以参与到评审团和作品演示中来,表达他们对学生作品的意见。

图 5.4
IEDP 工作室的课堂展示

这种高层次的参与性给 IEDP 的跨学科概念注入了活力。给教授和研究人员提供了验证他们的设想的机会,同时,研究生可以向第三方表达自己的提议。这在学术界、学生和利益相关者之间形成了一种稳固的三角关系。

纤维城市

2001 年,第一次实验性的东京—布鲁塞尔联合城市设计工作室组织的任务题目为"加一次,减一次",这是在当年东京举办的"Chronopolis"研讨会上提出来的。要求学生们将删减优先于添加,暗示了在一个更广泛的协作之前,对紧缩社会的可能性进行干预,并遵循随后的紧缩性主题。

这个实验性的工作室已经历了许多尝试和错误,第一个认识到了在不断紧缩的社会中如何改善我们的环境,最终形成了研究室系统和 IEDP 工作室的大野实验室对纤维城市(Fibercity)概念的发展。

图 5.5

大野教授在研究室系统和 IEDP 工作室的实验室中所做的纤维城市(Fibercity)研究

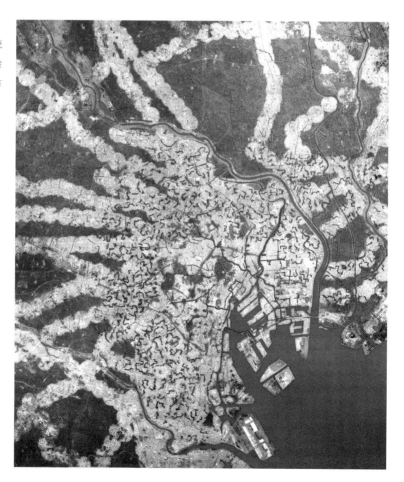

在布鲁塞尔,纤维城市的概念是在 2005 年由《uAD 国际化轨道》引入的,深深植根于作者对今天以"从增长到萎缩"为名的大规模变革的诠释。纤维城市成为主要的研究培养箱,也是我们的设计任务的主要假设来源之一。

在东京大学与圣卢卡斯大学正在进行的纤维城市实验给我们提供了一些有趣的观点,即如何将商业化的研究项目纳入现有教育中,并通过类似 AUSMIP 这样的项目使其联结能力得到增强。纤维城市是 AUSMIP 项目中的一个典型主题,由设计工作室发起并研究。从研究和设计的角度探索纤维城市,不仅丰富了学生们的研究,还使各部门相互学习,并强化了各部门的特色。

在东京大学,常规性应用研究工具本来就应该纳入设计研究中。研究室起源于日本的工业革命时期,其设计教学一直坚持着以工业和技术为导向的系统实验室方法。Kenkyushitsu 的学生有着不同的能力和兴趣,正是这种不同研究能力的综合,才使得其教育模式稳固发展。而如果他们的设计和研究是按照更为传统的方法组织的,即使所有学生设置的参数相同,也是不可能实现的。例如,一个学生擅长设计,并为纤维城市的流动性研究构思了一种新型的巴士;而另一个学生擅长统计和数学,使用成本效益分析,规划公交路线。此外还有更多的研究,比如一个研究项目计算了城市紧凑度对 CO_2 排放的影响。

从已有的研究传统来看,将 GSFS 整合到研究中是一种"设计研究"的方法。在变化多端的时代里,设计师应该具备分析和设计的能力,但这仍然是 uAD 工作室的一个薄弱点。

圣卢卡斯自成立以来,一直强调艺术设计中需要引入研究。由此产生的"设计研究"的方法,高度重视设计师通过设计发掘方案潜力和先进的解决问题的能力,然而这在 GSFS 中依然发展得还不够好。以一种在国籍和专业知识方面保持最大的多样性,且在教育和亲和力上领先的人所组成的团队,会使全部国际化的 uAD 工作室生成一个动态的设计环境。

工作室虽然还是很专注于任务,但这些任务被分成不同的阶段,其结果就被转换了。由一个团队所构思的城市规划,被转移到另外一个团队,继续从设计师或建筑师的角度去提出发展建议。

在前面任何阶段所产生的结果、潜在的冲突或差异,由导师担任调解员,会在小组内部讨论并解决掉。通过这种方式,学生在过程中承担不同的角色,但也必须在团队内外进行持续的批判,对获得的设计成果保持一种长期的、质疑的态度,以及检验与调和。

虽然每个部门去整合研究和设计,都有自身独特的方法,但大量的纤维城市实验导致在时代的紧缩和结晶的状况下,为了树立一个建筑师和城市规划师的标准基本形象,这些部门的专业人员将不得不做以下这些事情:

(1)有解决规模紧缩和将物质环境的负面影响降到最低的能力,以及将现存的条件最大化(一个景观设计师的技能)的能力。

(2)增强对现有对象的内在价值最大化的挖掘能力,以及充分利用现有条件(编辑技能)的能力。

(3)消除建筑师和城市规划师职业之间的差异,有选择不去建设(构筑物)的能力,以便对主体规划(建筑师和城市规划师之间的专业技能)做出更正确的判断。

在传统设计和规划上,我们这个时代的复杂和紧迫性使得我们确信,还没有一个独特而理想的解决方案能够集成设计与研究,平等的国际交流的重要性要被强调。(就像前面讲过的东京大学前沿科学研究生院和圣卢卡斯建筑研究生院的交流合作案例那样)

6

Reality 工作室针对"复杂性"的设计研究工作

Inger-Lise Syversen

从概念上来讲,"全球化"是一种合并现象,但同时也具有片段性和复杂性特征。全球化现象正在逐渐蔓延,让世界缩成一个"地球村",全球化打破了地域的限制,拉近了世界的距离。

很多不可预测的复杂形势似乎正在世界范围内上演,但又独立地发生在世界各地,要理解并参与这种复杂情况,需要新的手段和工具;这要求打破学科界限,以开放的思维去探索,排除偏见和成见。因此,协同和联合的研究方式是实现全球化、混沌世界、资本主义、信息流以及"同中有异"思想体系的重要手段。本章将介绍 Reality 工作室(瑞典哥德堡查默斯建筑学院的大师工作室)的研究工作,他们正试图用探索的方式,迎接"设计复杂性"的挑战。

Reality 工作室的研究重点是东非地区的小城市和中小城市的发展,研究中采用教学方法、系统思想和探索方式来处理不可预测的复杂情况。同时,工作室通过文化方面的研究来传达研究思想,这种文化产生于可持续建筑遗产保护和改造的背景之下,并受到复杂的人口迁移的影响。另外,本章将阐明设计研究的探索方式将如何为博士和博士论文建立基础。

REALITY 工作室

工作室在运行过程中,与国际及地区组织机构之间保持着密切合作。Reality 工作室的任务不是提供援助,而是为学生和当地合作伙伴培养能力,互相学习也是关键考虑因素。不过,在与联合国人居署及当地人合作的城市设计和产品设计过程中,所得到的经验表明,在能力培养方面可有更大的作为。受过较高程度教育的学生们构成了能力培养的一个重要目标群体。首先，他们是收集数据、产生创意、以及与当地人交流的一个资源；其次，学生群体已被证明是加强研究人员、从业人员、专家、外行之间交流的"中间者"。

　　瑞典隆德科技大学(LTH)已故的 Thorvald Akesson 教授，通过 1967 年坦桑尼亚巴加莫约第一现场的研究工作，介绍了 Reality 工作室的哲学思想和教学方法。之后，工作室在东非多个地区运行，伴随着坦桑尼亚内陆尼亚萨湖地区的奴隶、香料与象牙交易的历史脚步，沿着非洲的东海岸线，从坦桑尼亚的巴加莫约到肯尼亚的拉姆，直至肯尼亚维多利亚湖的基苏木。随后，Lars Reuterswärd 教授和 Maria Nyström 教授将 Reality 工作室进一步推广，并于 2006 年在瑞典的查默斯建筑学院运行 Reality 工作室。工作室将世界各地不同学科（设计、规划、建筑、工业设计、水和卫生设施、工程和景观建筑）的学生整合在一起，通过多年来探索性的设计研究，取得了一系列的创新成果，包括蓝本、工程、出版物和项目文件等方面的工作。

图 6.1

Reality 工作室采用探索性方法处理的设计研究项目

教学方法

　　Reality 工作室的教学方法基于学生的观察反应能力和批评性思维能力,这种批判性思维是设计教育的重要方面,能够激发出新的知识,并且是从深思熟虑的经验中得到的更高层次的知识,而这些深思熟虑是伴随制作与设计过程始终的。Reality 工作室可以说为应对复杂的环境提供了一种教学手段,在这个环境中学生(及老师)必须时刻保持专注和应对变化的开放思想,即"踮着脚尖,保持高度的开放性和谦逊性"(Reality 工作室 2007)。Reality 工作室所使用的工具是《关键点——地方干预系统》中所描述的系统思维:"系统规则明确其范围、边界和自由度"(Meadows 1999)。其教学目的是使学生了解将来工作的社会文化环境并培养学生的分析能力,将环境作为他们设计工作的一个必要出发点。学生们经过训练后使用研究方法进行系统调查,因为阐述问题和明确问题需从解决方法开始,而不是从答案开始。工程设计是最重要的,所以学生们被期望逐渐拥有开发和设计自己项目的能力。

图 6.2

从观察阶段开始的设计过程

(1)调查;(2)测试;
(3)理解并发现,设计方案之前再调查、再测验;
(4)传播;(5)实施

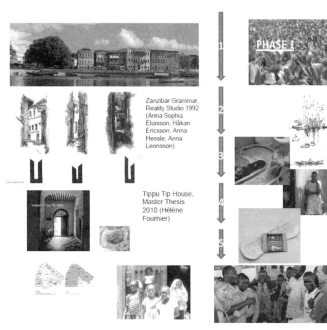

83

因此,场地研究包含以下几个阶段:(1)对当地状况进行系统的分析与调查,包括宏观的和微观的;(2)项目区域定义(PAD),包括策略及方案设计;(3)项目设计,规划研究和边界问题;(4)展览和交流;经过处理阶段(4)中的设计项目,提出相关目标并进行延伸,最后引向了阶段(5),即设计方案。

设计方案应当保障当地人们的日常生活,并以某种方式作为支撑。项目或作品应立足于本土,以当地的条件、文化、材料、技术和环境为基础。与当地人民展览和交流的阶段(4)充当了最后的阶段(5)(设计方案)的输入条件。设计方案包括设计标准的设定,例如,实际设计之前的准备。本章中提出的项目是所有阶段的综合和最后阶段的成果。

Reality 工作室立足于当地(例如用以经验为基础的学习形式),在这种方法中,学生可以扮演成设计者的重要角色,贯彻当地本土愿景、政策、策略和行动计划,实现可持续城市发展。此外,继续教育选择权的增加和社交活动的支撑,使得这些年轻的未来从业者在城市发展的长期过程中,同样扮演着重要的角色。

设计研究

随着建筑教学制度的全球化讨论的展开,如今的建筑学科教学正在经历一个重大的反思和改变。J. Muntanola(2008)在他的文章《建筑研究基本认识范式的转变》中提到了 Jaan Valsiner(2003)、S. Gottlieb(2003)、Joseph Muntanola(2006)等人的理论,以及 Mikhail Bakhtin(1981)的逻辑理论:"我认为在设计阶段,大脑和机器之间的反馈分析是应用所谓新理论的最好方式。"在同一时期,如同 Muntanola(2006)对大脑和机器之间互相影响的讨论,Bill Hillier(1999)同样讨论了设计过程和建筑的相互作用,也许最显著的变化是,在夸张的虚拟现实之间,开发设计项目意义的转变。扩张的现实和计算机设计是"制作学科"学生们的基本工具,为了使这些学生准备充足,同时满足可持续发展的需求,Reality 工作室将设计过程带出工作室,并带入南非,那里的可持续设计是社会面临的最大挑战。在文章《面向专业制作的学科定位》(《奥斯陆千禧读者》期刊,2001 中),Halina Dunin-Woyseth 和 Jan Michel 讨论了什么是"所谓的制作专业",并详细阐述了在学术批评与知识生产中这些专业定位的依据。

Reality 工作室的进一步发展,加上哥德堡查莫斯建筑学院与肯尼亚基苏木的马塞诺和邦度大学之间的进一步合作,促使查莫斯建筑学院在 2009 年建立了东非城市教育学院(Nyström 2010)。

无边界的概念体现在教育教学以及行业和专业人士之间,随着方法和理念越来越成熟,新的材料、新的生产方法以及新的数字技术也相继出现。同时,这种复杂性和知识的混合需要一个跨学科的设计方法,新的知识本体在制作学科中演变,反映出行为模式、系统关联和可持续性的基本思想。在文化和时代背景下,这些同样也有利于物理环境建设的定位。Fredrik Nilsson 在他发表于《北欧读者》(2004:30-43)的一篇文章中说道:知识生产的新模式(模式 2)与跨学科知识生产(模式 1)并排出现,这对制造训练和建筑设计来说是非常独特的。文章 *Helga Nowotny*(2004)同样阐明了在跨学科方法中,对于全面的、具有代表性知识的发展需求。

在 Reality 工作室作为新知识生产的范例中,我们可以发现在模式 1 中的跨学科知识生产,是在模式 2 中的跨学科知识生产的复杂性压力下产生的。最近我们也意识到,以设计导向为方法的 Reality 工作室,也超越了模式 2,面向新的模式,即模式 3:产品的设计生产。

图 6.3

从各学科向以设计研究为基础的跨学科知识生产的过渡过程

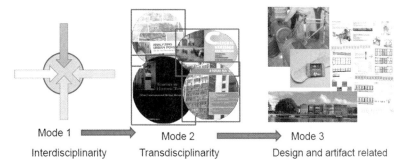

2005 年,圣卢卡斯建筑学院组织了一次国际会议——"不可思议的博士学位",将学者和从业者联合起来,其目的旨在探讨知识的进步。Kevin McCartney 在他的会议论文《英国的专业博士学

位——设计学科的合适模型》中推断：在设计学科研究中，记录和评估研究方法的多样性将至关重要。

为了处理前文提到的复杂问题并迎接挑战，我们需要一个城市规划和设计的范例，包括城市发展的系统设计方法，对于世界不同地区的各类条件，要用长远的眼光看待资源节约型的城市管理。我们需要调动社会上的不同部门，利用他们在革新方面的专业技能，把人们日常生活中的社会—文化转型作为出发点，将跨学科的知识应用到现实的城市发展中去。理解、设计并推动这一过程，促进特定经验知识前沿下相关科学知识的整合。设计学科，如建筑学和设计，有一种以问题为导向的综合的方法，能够处理规划师、政治家和其他人在社会中必须应对的不断增加的复杂性，该设计方法在学科之间传播，贯穿了从微观到宏观的研究层次。范例哲学思想的核心是，随着时间的推移，建筑和设计做的是什么，而不是它们本身是什么，这个动态的系统设计强调的是我们如何开展以开发与研究为基础的设计。

Reality 工作室的可持续发展理念

可持续发展的思想基于联合国社会建构的政治决策，于 1972 年在斯德哥尔摩环境与发展会议上被首次提出；1987 年，以布伦特兰为领导的委员会在《我们共同的未来》报告中，正式提出了"可持续发展"的概念和模式；1992 年，在里约热内卢召开了环境与发展首脑会议，并通过了相关重要文件；2010 年，里约热内卢第五届世界城市论坛的主题为"城市的权利：为分化的城市架起桥梁"，提出了将公共和私营部门、专家和学者、民间社团和非政府组织的界限弱化的思想，利用城市进程中的潜在能力，将必要知识发展转向社会经济发展。但是由于发达国家对能源和资源的依赖，其城市实践是不可持续的，同样，这种做法在发展中国家既不适用也不可取。因此，迫切需要在社会和技术方面，实施以当地文化和技术为基础的变革，发展面向未来的高科技理念。在这种方式中，发展中国家可以成为城市发展的先驱，在对资源越来越敏感的全球环境下，老工业国家不得不重新学习或者冒着被遗弃的风险。因此，

Reality 工作室将转变"第三世界"的旧有体制,指向第三特权。

建筑保护和改造的复杂性

被认为是重要文化遗产的建筑环境、场地和景观,正面临着经济快速发展所带来的巨大威胁,建筑遗产面临着被边缘化的危险。生态保护与可持续发展、建成环境的改造与利用,需要专注保护与转化的学科教学计划。但是如何确保有创意的开发,是建筑师职业生涯的基础,如何使保护和改造是建筑师应对未来的能力,也是我们需要解决的问题。

最新的研究表明,目前建成的建筑物可以满足未来十年 80% 的需求,而这个事实并没有反映在建筑教学中。因此,保护和改造教学应注重形态学的决定因素、高等教育的普及、地形、气候、生态、资源和创新以及历史、态度、习惯、观看、记录、分析、建设和物质性等因素,这需要一个解决未来问题的能力,能够将建筑环境作为一个活的有机体,更好地处理构造的空间形成。Saskia Sassen 认为"对于大规模结构和参与者为主的城市景观,'制造'的机会弥漫其中"(2008)。

在威尼斯宪章(1964)、华盛顿宪章(1987)、奈良文件(1994)、巴拉宪章(1999)和安东尼奥宣言(1996)中,文化遗产多样性的观念均有体现。"价值观的全球化"和真实可靠的复杂性要求一个跨学科的合作,这个观念目前也被广泛接受。对居住模式的不断需求、全球化发展和可持续性延伸了"保护"或"重建"的概念,使它们包含了文化意义、城市化区域、当代和历史的概念。

东非斯瓦希里文化背景下的 Reality 工作室

混沌和有序两个因素相互矛盾、相互支撑。非线性、动态的简单体系,甚至是像泡沫一样分段式的线性体系,都可以揭露完全不可预知的或随机开始的活动结果,就像最近从美国开始的全球经济危机,引发了一系列经济事件,这些事件通过多米诺骨牌效应相互关联,而这远非随机的结果。

在 2001 年,关于桑给巴尔石头城的博士学位论文《可持续建筑遗产管理中的意图和现实性》(Syversen 2007),以及 1992 年、2003 年和 2008 年中,Reality 工作室在历史城市的背景下重点进行的建筑保护和改造工程,这种复杂性变成了进身之阶。印度洋中的 Ungudja 岛是坦桑尼亚本土之外桑给巴尔群岛中最大的岛屿,在历史建筑和文化遗产的背景下,伴随着奴隶历史的路线和跨文化的斯瓦希里文化,Reality 工作室已经在坦桑尼亚与肯尼亚的拉穆开设了类似的硕士课程(Helsing 和 Räiim 2004)。

模式 1 交叉学科方法

建筑保护在传统意义上一直被看作关于建筑自身的学科,但在当代,建筑保护同样与规划、旅游、经济、气候变化、社会一致性和污染等问题紧密联系,并且能够更好地诠释各学科的活动领域,但这要求对一系列其他活动有足够的了解,同时对国际的、本国的以及地方的保护理论和实践有深刻理解(Syversen 2007)。

模式 2 跨学科方法

1991 年至 2008 年期间,在联合国人居署的供水、卫生和基础设施部门(WSIB)与肯尼亚的马塞诺和内罗毕大学、坦桑尼亚的 Ardhi 大学以及桑给巴尔的石镇保护与发展局(STCDA)之间的合作之下,Reality 工作室已经能够开展在石头城(Mji Mkongwe)的学生场地研究和工作室工作(石头城位于坦桑尼亚本土外桑给巴尔群岛中的 Ungudja 岛上)。

模式 3 设计建议

本章列举了 2003 年春、2008 年、2009 年期间的一些学生项目,这些项目是由学生、密切合作的当地政府和居民们评选出来的,能够代表论题的多样性。所选项目涉及桑给巴尔的老石镇、潘加尼村、坦桑尼亚、奴隶路线以及肯尼亚的基苏木的文化遗产等。

设计研究

博士学位论文《可持续建筑遗产管理中的意图和现实性》中提到的"实例:桑给巴尔石头城(Syversen 2007)""康复建筑——局部的小气候如何在治疗中带来康乐感(Mkony 2010)"以及"有序化——达累斯萨拉姆的一个关于水利和卫生设施的案例研究(Mwaiselage 2002)",这些都是基于设计理念的研究,通过彼此的知识扩张,阐明了 Reality 工作室作为设计研究的进身之阶是如何起作用的。

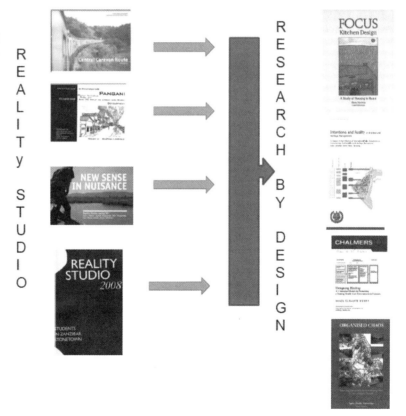

图 6.4
Reality 工作室以前的成果为设计研究奠定了基础

Reality 工作室的设计项目

项目"中心商队路线"(Helsing 与 Räiim 2004)利用一种"元映射"的方法,漫游在内陆乌吉吉到坦桑尼亚巴加莫约沿海城市的贸易路线,以印证阿拉伯、印度和欧洲奴隶交易时代留下的建筑印记。

　　潘加尼虽然是非洲东海岸最古老的斯瓦希里城镇之一,但是在 14 世纪至 20 世纪 60 年代初的奴隶贸易时期并没有在建筑上留下任何痕迹。

图 6.5

2001 年和 2003 年,Reality 工作室利用坦桑尼亚的潘加尼作为一个实例研究,寻找在非洲东海岸背景下,斯瓦希里文化对建设环境中的影响

　　该课题作为深入论述奴隶历史和交易路线的一个起点,也是联合国教科文组织的世界遗产名录中的一个实例。在勘察期间,学生们记录了那些所有关于建筑的历史痕迹。奴隶贸易的历史事件虽然已经被提名,但仍然没有被列入世界遗产名录。

　　通过在此方法的阶段(2)——对场所的理解——学生们意识到潘加尼的斯瓦希里文化含量同时高于预期的国家和地方水平,给当地人民的文化意识带来强大的冲击。

　　基苏木坐落在肯尼亚的维多利亚湖岸边。这个城市作为坦噶尼喀腹地殖民贸易的节点,正式成立于 1901 年,其建筑风格上具有十分鲜明的殖民和功能主义的特点。

图 6.6

左图:后殖民时期的基苏木;右图:基苏木省长的殖民地风格建筑(Reality 工作室,2009)

　　2009 年,基苏木的"通道(Passage)"项目确定了其立足点,即政府当局决定改变这栋建筑的使用功能。原来的省长办公室现在变成了博物馆。经过一段时间的开放记录,建筑物的潜力被发掘出来,设计方案使建筑成为音乐家、雕塑家和画家们汇集国际和本土灵感的艺术中心。

尽管基苏木主要是由殖民和功能主义时期的建筑组成的，但时至今日仍然有广泛的斯瓦希里文化能够唤醒人们对于奴隶贸易时期的记忆。（Reality 工作室 2010）

图 6.7

基苏木街景中最后一丝的斯瓦希里文化体现(Reality 工作室,2009)

通过阅读、观察、调查和分析，学生们加深了对环境的理解，将他们的设计方案引向深入。

博士学位论文《可持续建筑遗产管理中的意图和现实性》（Syversen 2007）基于 Reality 工作室的工程项目，通过先前的研究和设计项目积累经验。

Common attributes　　　　　　　　　　　　**Recommendable common attributes**

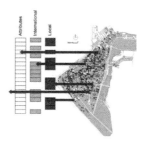

图 6.8

博士论文《可持续建筑遗产管理中的意图与现实》(2007)中作者的两条探索线：第一,桑给巴尔石头城的物理结构；第二,国际的和当地的文物保护政策

分析过程通过勘察和文本分析两种方式进行，并在测试建筑环境中结束，从模式 1 和模式 2 引向一个持续的保护管理设计提议，即模式 3。

采取基于地理信息系统应用（Hillier 1999）和扎根理论（Strauss 与 Corbin 1998）的系统方法，对建设形式和文档之间的关系进行综合分析，通过对结果的分析和测试，为可持续的建筑保护研究提供一套设计方案，它首先应立足于本土，但同时也要具有国际性。

结　论

　　建筑保护的理念随着时间和挑战呈现出新的形式，从单纯历史对象保护模式向遗产联盟转变，建筑保护的内涵已经与国家实体和地域认同相关联，所采取的保护行动是积极主动且思想开放的。由于全球化、可持续性和碎片化的现实条件，保护和改造将面临越来越复杂的挑战。为了应对这些挑战、保护和改造教学需要不断地创新并为学科的重新定位做准备，使学生们能够重新看待他们的研究方法，了解与知识复杂性相关的建筑环境，直面创新与传统，理解材料、形态学、结构标准和连接方式之间的关系，概括建筑各部分的特征（Syversen 2010）。

　　学科建设迫切需要基础性的扩张，以缩小新建项目和保护工作（保护现有的建筑环境）之间的差距；保护与改造这个学科需要新的、综合的研究体系，以应对各个层次的挑战，包括从灰浆的使用到改变村镇的景观和轮廓。或者如 Jo Coenen Delft 教授（2007）所说："通过修改、介入和转化的方式来处理'混和的艺术'"。

参考文献

Bakhtin, Mikhael (1981) *The Dialogic Imagination：Four Essays*, ed. Michael Holquist, University of Texas Press, Austin.

Brundtland, Gro Harlem (1987) *Our Common Future*, UN World Commission.

Coenen, Jo (2007) Paper presented at the EAAE Conference；*Teaching Conservation/Restoration of Architectural Heritage*, EAAE proceedings No 38, ed. Musso and DeMarco, EAAE Be.

Dunin-Woyseth, Halina and Michel, Jahn (2001) *Towards a Disciplinary Identity of the Making Professions*, Oslo Millennium Reader, AHO, Oslo.

Gottlieb, S. (2003) *Theories of Globalization*, Worchester Polytechnic Institute, Massachusetts, USA.

Helsing, Cecilia and Räiim, Elonor (2004), *Central Caravan Route Tanzania*, Ark3 LTH, Sweden.

Hillier，Bill (1999) *The Space is the Machine*，Cambridge University Press，Cambridge，UK.

McCartney，Kevin (2005) *Professional Doctorates in the UK-An Appropriate Model for the Design Disciplines*，Paper presented at the seminar，The Unthinkable Doctorate，Sint-Lucas，Belgium.

Meadows，Donella (1999) *Leverage Points-Places to intervene in a system*，The Sustainability Institute，Harland VT，USA.

Mkony，Moses (2010) *Healing Architecture-How local architecture is able to bring forward a feeling of wellbeing in medical treatment*，Chalmers Architecture，Sweden.

Muntanola，Joseph (2006) *Architecture and Dialogics*，Arquitectonics Review No 13，Barcelona，UPC.

Muntanola，Joseph (2008) *Changes of Paradigms in the basic understanding of architectural research*，Paper presented at EAAE (European Association for Architectural Education) Conference，vol 42，Copenhagen.

Mwaiselage，Agnes (2002) *Ordering Chaos-a case study of water and sanitation in Dar es Salaam*，Department of Architecture，Lund University，Sweden.

Nilsson，Fredrik (2004) *Transdisciplinarity and Architectural Design-On knowledge production through practice*，Nordic Reader，AHO，Norway.

Nowotny，Helga (2004) *The Potential of Transdisciplinarity*，Nordic Reader，AHO，Trondheim，Norway.

Nyström，Maria (2010) *East African Urban Academy，preliminary study*，Chalmers University of Technology，Sweden.

Reality Studio *Pocketbook* (2007，2008，2009 and 2010) Chalmers Architecture，Chalmers University of Technology，Sweden.

Sassen，Saskia (2008) *Why Cities Matter*，Paper published at the Conference Changes of Paradigms，EAAE，Copenhagen.

Strauss，Anselm and Corbin，Juliet (1998) *Basic of Qualitative Research；Techniques and Procedures for Developing Grounded Theory*，Sage Publications，London.

Syversen，Inger-Lise (2007) *Intentions and Reality in Sustainable Architectural Heritage Management*，Chalmers Architecture，Sweden.

Syversen，Inger-Lise (2010) *Complexity and Challenge of Architectural*

Heritage and Transformation，Lecture given at Goteborg University，Dept Of Cultural Management and Chalmers Architecture，Sweden.

Valsiner，Jaan（2003）*Beyond social representation，a theory of enablement*，Papers on social representations，JKU，Linz，Austria.

7

OCEAN 学会的设计研究工作

Michael U . Hensel，*Defne Sunguroğlu Hensel and Jeffrey P . Turko*

本章介绍了 OCEAN 学会自 1994 年成立至今，所开展的多学科交叉的设计研究工作以及所采用的相应的研究方法。本章以该学会的组织机构及历史简介为开端，详细介绍了现有成员的学科背景、研究方向以及团队整体的研究方向。并通过四个实例，介绍了该学会特有的研究领域和主要的研究方向。需要说明的是，该学会现有研究领域的范围，要比四个实例所涉及的领域更加广泛。从这四个实例当中，我们可以了解一些相关的概念和方法。

OCEAN 学会的运营模式

1994 年，OCEAN 由 Michael Hensel，Ulrich Königs，Tom Verebes 和 Bostjan Vuga 创立，他们都是英国建筑联盟建筑学院（AA）的毕业生，都完成了 AAGDG 研究生设计课程，这一课程设计项目成为了年轻建筑师们的协作网，建立这一协作网的目的有三：首先，是为了增强他们的科研创新能力；其次，是为了提高他们的技术水平；最后，通过互相沟通提高他们的交流协作能力。由于创始成员中有两人去了其他地区，新增加的成员也都在不同地区，于是 OCEAN 在 1995 年进行了重组，变成了一个分布于科隆、赫尔辛基、卢布尔雅那、伦敦以及奥斯陆的合作组织。接下来的初始期，该组织通过赢得竞赛项目，获得委托工作和多渠道的出版宣传，开展了一系列繁忙的设计研究活动（可以参看 Hensel 和 Verebes 1999 年的例子）。1995 年至 1998 年是 OCEAN 的发展期，OCEAN 受到了荷兰设计研究同行和学术机构的广泛关注，主要是因为该组织采用的设计方法和探索过程都比较具有代表性。O-CEAN 的特殊运营模式、研究手段和由此而创作出的作品在荷兰被广为流传。与 Ludo Grooteman 和 Ben Van Berkelde 的合作,加强了 OCEAN 在全球盎格鲁－撒克逊文化背景下的设计研究,也很好地促进了欧洲与荷兰之间关于这方面的交流。

在接下来的一段时间里,OCEAN 在一些地方的项目中获得了一系列的成功。这些项目主要集中在一些商业项目上(例如萨达伏加建筑事务所在卢布尔雅那的设计)。协作网中的另外一些建筑师们则反对这种商业项目,他们认为商业项目限制了协作网的运营模式和形式。1998 年,在科隆、赫尔辛基和奥斯陆的三个组织联合组成了 OCEAN NORTH,这个组织更加注重设计研究,并且通过集中关注建筑、城市和景观设计的关系,关注与斯堪的纳维亚半岛的环境的联系,逐渐产生了一整套的设计方法,该方法将不同规模的设计相结合,并且逐渐重视建筑与环境的系统性设计。

图 7.1

自 OCEAN 成立之初就非常重视与建筑、城市及工业设计团体分享他们在设计研究方面的发现。他们出版了各种出版物,包括他们的作品集(左图为 1998 年出版的作品集,右图为 2008 年出版的作品集)以及关于协作网工作成效的出版物,例如由 OCEAN 成员们创立的,作为讨论及交流平台的 do-Group(中图为 Hensel,M 和 Sevaldeson,B 编辑出版的 do-Group(2002)do-Group-The Space of Extremes。奥斯陆:AHO(奥斯陆建筑与设计学院))

2008 年学会的名称改回为 OCEAN,同时协作网注册成为挪威的设计研究学会,学会中聘有正式职员,并且每个职员都有各自的分工。在成立的初期,学会由六名主要成员组成:Natasha Barrett 博士、Michael Hensel 教授、Defne Sungurogl Hensel、Pavel Hladik 博士、Birger Sevaldson 教授和 Jeffrey Turko,同时还包括一些其他骨干成员。学会还设有一个具有权威性的指导委员会,在 2008 年邀请 Mark Burry 教授和 George Jeronimidis 教授作为名誉会员。

尽管 OCEAN 一开始只是作为单一的建筑师们的协作网,但因为大多数建筑设计问题和设计研究往往太过于复杂,单独一个专业领域是不可能处理和解决这些复杂的问题的。很明显,要想解决这些设计难题,就需要多学科的合作,并且采用一个综合的研究方法。为了解决这些复杂的设计问题,各学科研究成员的交流协作显得尤为重要。现有成员的专业包括了建筑学、城市设计、室内建筑学、工业及家具设计,农业研究和音乐创作等,很多成员都具有各自领域的博士学位。许多成员抱着将实践与教学结合的目的,更加重视研究与学术成果。此外,成员们的研究领域还包括各学科之间的交叉领域,比如系统论与仿生学等。

在这种多学科的背景下,使得人文科学和自然科学有了联系,并且使得看似联系不多的专业在作品创作中有了紧密的联系,例如 Natasha Barrett 和 Birger Sevaldson 的与声学相关的研究项目,从中我们可以看出这种联系的紧密性。在 Agora 和 Barely 两个项目中通过在公共场所和画廊的实验,验证了声场空间与材料干涉的关系。

OCEAN 重视多学科合作及共同进步,作为学术团体它坚持惯例而又不受其限制。此外,通过广泛的研究资金申请可以促进资金分配。通过弱化经济利益,使研究更加重视学术成果的产出和学术创新。与学术机构的友好关系使得该组织可以通过对硕士、博士、博士后的培养来承担研究课题。这就使得多领域研究活动与教育、研究、实践和行业形成紧密联系。

自从成立以来,OCEAN 已经成为了一个动态的实体,这一团队由能够献身于科研领域的和具有合作精神的研究人员组成。研究领域是按个人兴趣进行划分的,这些兴趣通常被应用于多个方面,这样就形成了现有的研究领域,例如由 Birger Sevaldson 指导的以系统为导向的设计,由 Michael Hensel 和 Defne Sungurogl Hensel 指导的以性能为导向的设计,由 Pavel Hladik 指导的数字形态构成,由 Jeffrey Turko 和 Michael Hensel 指导的异质围护结构与不均匀地形,以及由 Natasha Barrett 和 Birger Sevaldson 指导的与声学有关的研究。

创始成员在 AA 的毕业设计中,形成了各自的设计研究方向。他们非常重视使用辅助性手段和严谨的设计方法,这对 OCEAN 的设计研究发展具有重要意义。

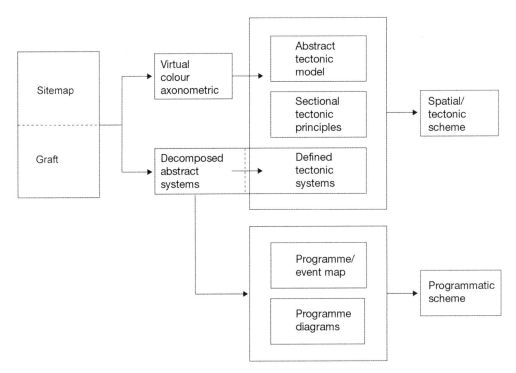

图 7.2

在 20 世纪 90 年代早期,一些 OCEAN 现有成员在 AA 毕业设计项目中接受过 Jeffrey Kipnis, Bahram Shirdel 和 Donald Bates 的指导。在这个背景下,研究的主要重点放在了连续的和平行的平移设计,流程如图所示。这样做是为了得到严谨的和辅助性的设计方法,同时使得方法易于使用并且应用于设计研究。随着这一模式的发展,辅助设计过程成为 OCEAN 各种研究工作的核心过程

OCEAN 的四个设计研究实例

下面介绍四个不同的设计研究项目和三个主题,这些项目由相关的研究团队完成,在实施过程中每个人都充分发挥了他们的个人才华。

图 7.3 中的人造景观项目由三个阶段的研究和第四阶段的构想组成,其中第四阶段的构想未实施。前两个阶段由 Johan Bettum 负责,其所关注的研究问题不在本章做详细说明,第三阶段(1998)和第四阶段初期(1999—2000)是比较广泛的研究,许多 O-CEAN 成员参与了研究工作(Bettum 和 Hensel 2000)。第三阶段

图 7.3

A Thousand Grounds:Tectonic Landscape——施普雷河弯,新柏林政府中心城市设计研究,1992—1993

作者:Johan Bettum,Michael Hensel,Nopadol Limwatankul,Chul Kong;指导教师:Jeffrey Kipins,Don Bates;伦敦建筑联盟建筑学院(AA)

左图:用概念模型表明折叠景观与建筑群互相结合。右上图:用项目及事件映射显示所有系统,这些系统会显示随时间变化的地址和潜在用途。右下图:用轴测图表明内部空间转变角度与景观表面和其他空间元素(如种植地段和密度)的结合

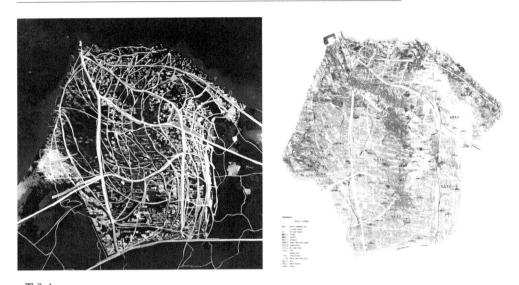

图 7.4

Changliu Grouing 区域规划,海口,海南岛,中华人民共和国,1993—1994

由 Jeffrey Kipnis,Bahram Shirdel 和 Michael Hensel 指导的 AA 毕业设计小组创作。左图:占人口总密度 70% 的,有 600 万居民的城市总体规划模型,比例为 1 : 5 000。这个模型表明了建筑的体积和密度、道路和港口等基础设施,绿化和保留区域以及中部的中心商业区。右图:1 : 20 000 的总体规划方案,表明了单一的、混合的、多重的以及特异的使用区域、道路和港口设施,公园以及景观元素,40 个整合的农村和渔村以及为未来开发所保留的区域

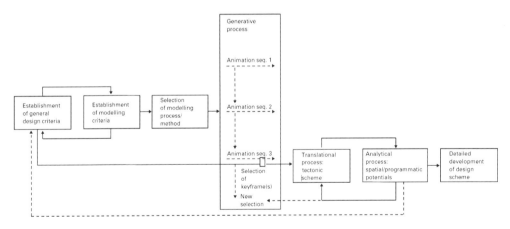

图 7.5

20 世纪 90 年代中期,OCEAN 开始使用生成设计过程,例如用动画技术来做方案。采用生成设计方法的建筑师有很多,最突出的有 Greg Lynn,Mark Goulthorpe,Markos Novak 等

的研究方向主要是计划设计对于城市和建筑规模的影响,研究它们在特定环境中的效果,以及如何解决无法预见和计划的突发事件。从方法论的层面上来说,这涉及了分析和生成过程与反馈之间的关系。为了达到分析的目的,研究人员采用了计算绘图程序,在该程序中记录了许多特定地点的情况,例如气候条件、经济因素以及人类活动。这些条件因素作为图层使用并且与数字动画技术连接,应用这种技术的目的是为了在图层中添加可选择的特定数据流来持续干扰它以避免进入一个稳定的状态。这样做的目的是使图层处于一种动态,为了达到这种动态,需要附加一个干涉。这就使得项目方案与来源于场地分析和设计纲要的信息之间有了非常宽松协调的联系,这样就避免了直接到达一个具体的实物的误区,相反,却描绘了一个更加图示化的和索引化的"草图",项目方案可以在这之中得到进一步的改善。OCEAN 的多项研究和 O-CEAN 个人负责的研究都直接基于这些成果,这些成果产生于通过设计实验而确定的具体研究方向。通过这种方式,城市和建筑设计成为了解决研究问题的方法,第三阶段的研究项目很快演变成为了各种各样的研究课题。第四阶段旨在强调具体的方法论问题,例如如何从计算的角度解决分析数据与生成数据之间的关系。虽然由于项目中一个骨干成员的离职,使得阶段四终止,但是大部分 OCEAN 其他项目仍然重点关注这些问题。

1998 年的 A_Drift-Time Capsule 项目使得人造景观方案得到了更进一步的发展。项目灵感源于纽约时代大厦休息大厅内的时间胶囊竞赛,这个竞赛中有一些特定事项,要求体现 21 世纪的技术和设计感觉,并且要将它们保存 1 000 年留给未来的后人。与选择一些胶囊中的特有项目及仅设计一个胶囊的想法不同,OCEAN 采取了截然相反的思路。他们使用一种艺术状态的数字动画技术,将各种各样被选择的对象包含于一个复杂的结构之中。这样做的目的是产生九个不同但是相似的胶囊,它们有着不同的内部构造以及几何形状。这是为了用一种简便的方法解决从大量生产到大量个性定制的转变问题,这是一种清晰地展现 20 世纪末设计与技术相关改变特性的趋势。

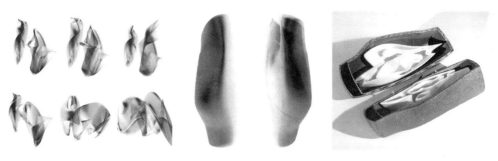

图 7.6

OCEAN 的竞赛方案被刊登在了纽约时报 Time Capsule project 中(1998),方案使用了动画技术。利用这一
方法将胶囊内部做成内阻,其性能与胶囊所在的水生环境有关。(左图:样品动画序列。中图:时间胶囊的数
字模型。右图:时间胶囊的快速原型模型。)在 OCEAN 的工作中,时间胶囊和与其相似的项目引发了许多对
多层表皮的研究,这种研究已经成为一种找到与环境相关的内在和外在设计的准则

　　有人提出若把这些胶囊放置在南极冰川的不同地方,如果冰
川因为全球气候变化而融化,那么这些胶囊就会在不同的时间不
同的地点被释放进海洋之中,这会增加一些胶囊在环境急剧变化
中幸存下来的可能性。为了达到这个目的,胶囊的材料形式就要
能够抵挡住冰的压力并且具有水一样的流动性。因此,为塑造这
样的胶囊需要融合两个生成的数据流:所包含的物体形状以及胶
囊内部与外部的空间组织、功能所需要的形态。这种方案需要有
关钛金属表层的冶金学知识以及高级制陶知识,同时还要辅助以
气候学和海洋学的专业知识。这项提议准确来说是完全可行的,
因为赢得竞赛不是主要的目的,这就使得设计可以避免竞赛要求
的限制,从而使这项提议得以实现。

　　在 2001 年"911"恐怖袭击发生几个月后,包括 OCEAN 在内
的 50 家建筑设计单位,被 Max Protetch 邀请来设计一个新的纽约
世贸中心,参赛作品将在位于纽约总部的画廊中展出。OCEAN 提
出一个有关"人类关怀"的世贸中心方案,这一方案使世贸中心代
表的是所有人民而不是国家。这种方案需要一个隆重的形式,这
一表现要区别开现有的代表形式、制度形式以及常规布局(Hensel
2004)。OCEAN 选择在已被摧毁的双子塔前包裹一个新的卷状物
的概念形式。新建高密度的卷状物的计划可以延伸为一个研究课
题,并可以通过使用与时间胶囊项目相似的方法来实现,形成一个
具有很大进深平面的卷状物。

图 7.7

OCEAN 对于多层表皮进行的研究以一种很有意义的方式阐明了 OCEAN 自 1998 年以来的工作的特点。这些工作包括:在德国科隆设计的一个公寓(1998),设计者调查了室内条件多样化的潜在性,这一潜在性来源于对于利用不同特性表面(不透明的,透明的以及碎石子墙)来替代司空见惯的空间规划。在挪威桑德尔福德旅馆的设计研究有着相似的目的,不同之处就是这个研究是在更严寒的地区进行的

　　OCEAN 提出的方案与试图将日光带入进深平面的计划相反,很有可能出现一个持续 24 小时的黑暗区域。换句话说,为了达到这一目的,需要渐变环境作为先决条件。

　　生成了该设计的动画中,存在各种体量的交叉,这些体量的交叉的情况,使得不同的建筑师可以设计超大建筑的不同"空间口袋",开阔了该项目的设计构想,并且拓宽了设计研究过程中所需要的专业领域。这个项目说明了,源于设计实验的条件如何用于彻底地反思一些根深蒂固的刻板教条及现有建筑设计规范的解决方法以及与之相关的政策条例。

　　Deichmanske Media-stations 项目是 Deichmankse 图书馆为设计一个媒体站而委托给 OCEAN 的项目,这一媒体站用于展览挪威当地的电影。项目由 OCEAN 主导进行,由 AHO 和奥芬巴赫设计学院辅助完成。Deichmanske 图书馆既是委托者也是合作者,项目由 YNOR 来施工。Deichmanske 图书馆由 Reinert Mith-assel 代表,OCEAN 由 Michael Hensel 代表,AHO 由 Birger Sevaldson 代表,奥芬巴赫设计学院由 Achim Menges 代表,在挪威克拉格勒的 YNOR 公司由 Ronny Andresen 代表。这种合作模式使得这一项目既需要实践经验也需要研究经验,为了保证项目的

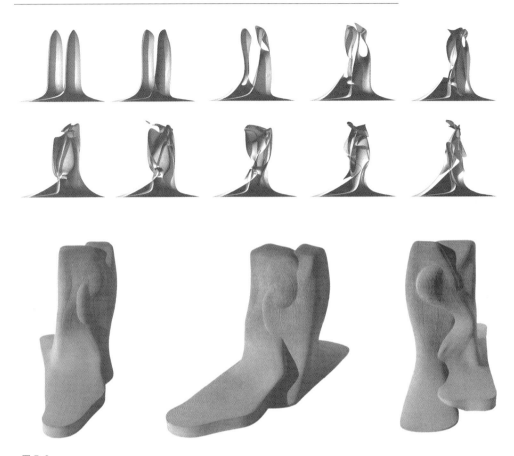

图 7.8

以"人类关怀"为理念的新世贸中心是 OCEAN 为 Max Protetch 画廊设计的。该设计从一个更大规模的角度
来发现多层表皮的优点,它可以营造丰富多样的内部环境,能满足一天 24 小时的调控要求。虽然与时间胶
囊项目所采用的工具类似,但是发展的形式和相关数据的输入是明显不同的。上图:动画序列案例　下图:
"人类关怀"世贸中心最终形状的玻璃钢模型

正常发展,一些建筑学和产品设计的研究生参与到了这一项目中。
这一项目中最大的挑战是在短时间内能够形成功能齐全、技术先
进的媒体站,并且还要满足低成本的限制。这个研究需要掌握一
些相关的必要信息,包括把物体放在一个给定空间内的可能性以
及它合成的转化、媒体站的功能与图书馆相关过程的集成、活动和
循环、对于材料及其性能的相关研究兴趣以及界面和搜索浏览相
关方面的创新。建筑学方面的调查是基于 Jeffrey Kipnis 提出的
广阔空间及盒子间嵌套概念进行的(Kipnis1993),这样做使给定

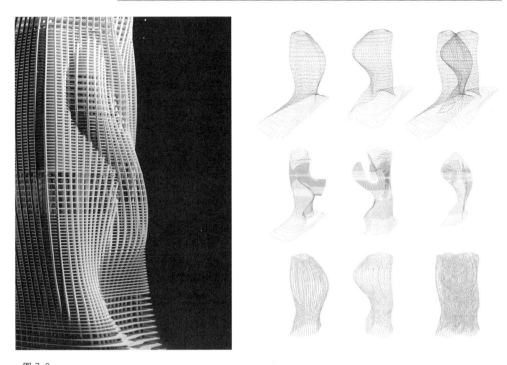

图 7.9

通过阐明主要构造元素(外表面,楼板,组合结构和循环元素)的方式,"人类关怀"世贸中心方案得到进一步的深化。不同的建筑师可以根据不改变主要构造元素的准则,通过交叉外表皮来设计空间口袋,并使其成为能够作为城市街区的大空间

的图书馆体系结构和设置与媒体站之间的联系更加紧密。有关媒体站的集成研究采用的是一种以系统为导向的分析方法,这一方法来源于 Birger Sevaldson 的以系统为导向的设计。材料的研究直接与生产的成本结合在一起考虑,该环节由 YNOR 公司和 HfG 公司合作进行。同时,数字接口由来自 Deichmanske 图书馆的 Reinert Mithassel 团队承担研发。把技术融入设计和材料的外表皮装饰之中,需要相关团队的紧密合作。合作期间需要各方有一个良好的沟通。为了达到这一目的,期间召开了频繁的网络会议,进行了方案审核以及文件共享。此外,Michael Hensel 经常联系各方,以达到沟通的目的和履行 OCEAN 的职责,他所做的全部工作确保了这一高难度项目能够及时交付,同时满足预算以及各种研究议程。这个项目中的设计研究为一些重视科学创新项目的杰出

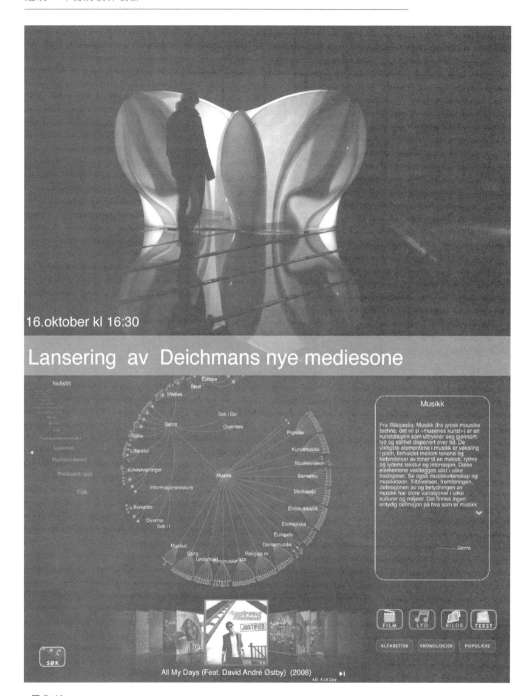

图 7.10

挪威奥斯陆 Deichmanske 图书馆媒体站正式运行时的邀请卡。这个项目成为了两个学校 (AHO 和 HfG) 的
科学创意项目,这一计划由 OCEAN 协会指导

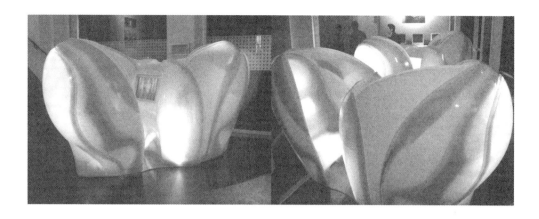

图 7.11

Deichmanske 图书馆环境中的媒体站，挪威，奥斯陆

工作室提供了一个有关集成的、直接使用的新产品及相关知识生产发展的榜样。目前，有关媒体站的使用模式的详细分析正在进行之中，以便于获取图书馆访问者与媒体站互动的具体信息。

虽然上述案例作为单独个案来讨论，但从中可以找到特定的共性问题与研究兴趣，可以作为调查的主题，包括以下几个方面：

（1）新制度形式和社会适应的成果（Kipnis 1993）；

（2）空间组织，周围环境，居住及使用潜在性之间的联系；

（3）材料性能和周围环境（例如声音）对空间的影响（参看 Natasha Barrett 和 Birger Sevaldson 合作案例）；

（4）应用于特定环境的反馈驱动设计与数字形态构成方法。

这些领域的研究表现出了 OCEAN 中个人与团队研究方向的特点。目前，这些主题在更大范围的研究领域的多个方面被广泛研究，同时衍生了与应用相关的研究领域，例如有不同子项的扩充建筑阈值主题，有多地层布置方面的研究，铰接外表面的研究以及辅助建筑手段的研究（Hensel 和 Sunguroglu Hensel 2010a，b 和 c）。

OCEAN 设计研究方法的特性

如果不突破设计问题固有的条条框框和常规的解决方法，又如何能够推动科学实践和科学创新呢？项目的创新能够在常规的项目运作方法中完成吗？上述实例说明了要想在一个更深的层次解决设计难题，必须打破常规。这可以通过能够带来未知结果的

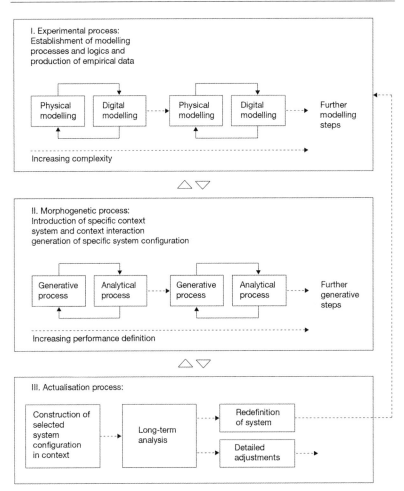

I. Experimental process:
Establishment of modelling
processes and logics and
production of empirical data

Physical modelling — Digital modelling --- Physical modelling — Digital modelling → Further modelling steps

Increasing complexity

II. Morphogenetic process:
Introduction of specific context
system and context interaction
generation of specific system configuration

Generative process — Analytical process --- Generative process — Analytical process → Further generative steps

Increasing performance definition

III. Actualisation process:

Construction of selected system configuration in context --- Long-term analysis → Redefinition of system

Detailed adjustments

图 7.12

从 2000 年初开始，O-CEAN 逐渐开始发展并采用递归循环式的设计流程，目的是为了进一步发展以性能为导向的设计的相关概念与方法。这种设计方法的主要特征是存在多重的反馈循环和迭代过程，并在这些过程引入经过定义的控制参数集。这样做避免了在设计方案过程中对于动画框架选择的随意性

设计实验来实现，为了得到有意义的、能够打破常规的方案，我们必须对这些结果进行谨慎的分析。为了创造出这些替代品，研究人员需要在设计实验中发挥创造性思维并且付出汗水。重大项目中，往往需要设计实验中的创新发现。另外，一个多领域的研究方法打破了单一思维环境的限制。同时，可以像一些理论家所做的那样，调查建筑学中的学科特异性和设计中的普遍性。显然，多领域研究是现有设计研究方法的关键。OCEAN 作为一个建筑师的协作网成立后，仅仅一年的时间，就显现了其重大的意义和价值所在，协作网包含了来自各种研究领域的研究人员。虽然这可能与建筑学所固有的特性有关，但是仍然显示了OCEAN打破学科之

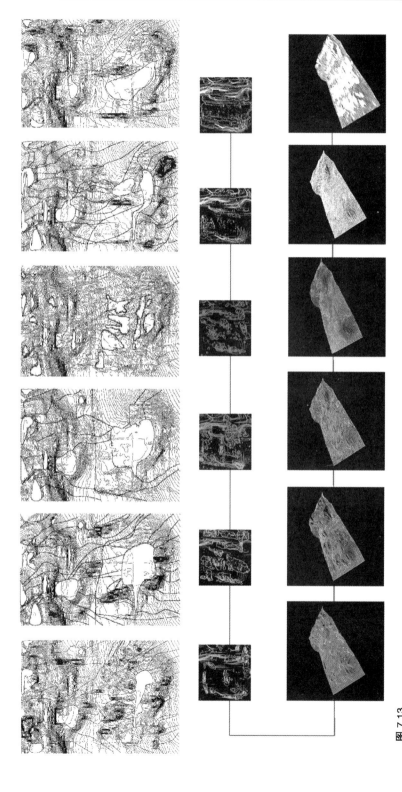

图 7.13

OCEAN 的一个早期项目，使用了递归和迭代方法。在人造景观项目第三阶段摒弃了数据基础条件，而采用了更加复杂的数据集，用于映射各种条件，包括设计之前嵌入清晰的、丰富的、不同的地面条件。这个项目对建筑参数化设计的发展做出了早期的贡献，同时也促进了数字化，在景观设计和城市规范方面也是如此。

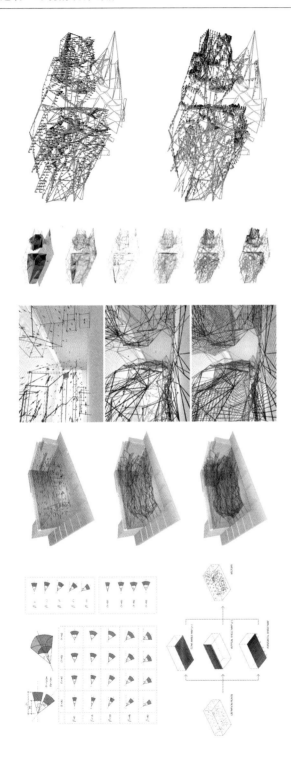

图 7.14

OCEAN 在很多项目中采用了与性能相关的递归和进化设计方法。在芬兰余韦斯屈莱的音乐艺术中心二期项目中，验证了这一方法的作用。在基于程序的设计中，将衍生法与分析法连接在一个反馈回路里，能够产生大量迭代数据。由此而生成的方案，能最终在某种程度上满足性能要求，并能够被进一步优化

间隔阂的新特性,这样做可以使每个学科充分发挥核心价值。实际上,这就相当于把各种学科的核心价值用于设计项目之中。同时,还有许多其他协作网,也采用了类似 OCEAN 的模式和做法,并且有着相似的目的和愿景,他们专注于设计研究的尝试与实践,其模式与方法也得到迅速推广普及。从时间发展来看,项目研究和讨论的可持续性是必不可少的。当创新潜力通过多元化学科交流,可能在任何时候或任何操作阶段出现时,需要避免陷入固有的操作模式。考虑到这一点的话,也许 OCEAN 自身就可以看作一个设计研究项目。

参考文献

Bettum, J. and Hensel, M. (2000)'Channelling Systems: Dynamic Processes and Digital Timebased Methods in Urban Design', *Contemporary Processes in Architecture*, AD Architectural Design 70, 3: 36-41.

Hensel, M. (1997)'OCEAN Net-Networking: The Practice of Interchange', *Operativity*, *AB* Architect's Bulletin135-136:22-29.

Hensel, M. (2004)'Finding Exotic Form: An Evolution of Form-finding as a Design Method', *Emergence: Morphogenetic Design Strategies*, AD *Architectural Design* 74, 3: 26-33.

Hensel, M. and Sungurog lu Hensel, D. (2010a)'The Extended Threshold I: Nomadism, Settlements and the Defiance of Figure-ground', *Turkey – At the Threshold. AD Architectural Design* 80,1: 14-19.

Hensel, M. and Sungurog lu Hensel, D. (2010b)'The Extended Threshold II: The Articulated Envelope', *Turkey-At the Threshold. AD Architectural Design* 80, 1: 20-25.

Hensel, M. and Sungurog lu Hensel, D. (2010c)'The Extended Threshold III: Auxiliary Architectures', *Turkey-At the Threshold. AD Architectural Design* 80, 1: 76-83.

Hensel, M. and Verebes, T. (1999)*Urbanisations*, London: Black Dog.

Kipnis, J. (1993)'Towards a New Architecture', *Folding in Architecture*, *AD Architectural Design* 102: 40-49.

Möystad，O. (1998)'Architektuurpraktijk in de vorm van een network-Een
　　beschouwing over dewerkijze van de groep OCEAN'(Architectural Prac-
　　tice in the Form of a Network-An Overview Over the Work of the O-
　　CEAN Group'),*De Architect* 6：52-59.

8

以系统论为导向的建筑环境设计方法

Birger Sevaldson

本章回顾了以系统论为导向的建筑环境设计方法以及从设计研究的角度来看待建筑环境设计的方式。为了满足城市和现存环境的可持续发展需求和全球化的挑战,我们需要处理好愈加复杂的建筑系统与环境系统之间的互联性与依赖性。关于建筑与环境,我们应该更加深刻和广泛地思考,在不同的设计流程中两者是如何彼此影响的及我们的干预会带来怎样的结果。本章描述了这一问题的早期相关研究成果和当下的研究进展。

建筑环境模型

对于建筑环境所进行的类型划分,有时候会阻碍建筑设计的创新。比如我们会把建筑按功能分为住宅、公寓、教堂、工厂、购物中心和仓库等,会把建筑环境中的基础设施按用途分为交通、通道、停车处、道路、电缆、互联网等。最近 Michael Hensel 基于类型学的建筑环境分析方法局限性进行了重新研究(Hensel 2011)。把建筑环境看成是一种"累加式的拼图"的这种观点,无助于我们将注意力放在建筑环境与使用者之间相互依赖的关系上,也会使我们忽视建筑生产和消耗的过程以及对整体生态环境的影响。

一些理论家已经提出了对建筑环境综合理解的模型。Christopher Alexander(Alexander 1965)提出城市就像是一个半网格,具有相互对照的结构,有一个出发点和一个层次结构。Deleuze and Guattari(1988)为了恰当理解人类文明的进程,将城市比作一个"根茎"。此外,Manuel Castells 的网络社会的概念,也强调了建筑环境非物质方面的重要性(2010)。

这些理论模型充分说明了，我们需要以整体性和包容性的观点来看待建筑环境。应该把城市环境看成由无数相互联系的非物质的和物质的"流"组成，包括快速流动的能量和信息、缓慢流动的建筑材料、地球上的物质以及人工景观的培育等。所涉及的时间尺度与环境、当地气候、天气变化、季节更替关系密切，并且最终与宇宙和地质演变相关。

正是这种"流"的交换，使它们超出了简单的实体界限而具有重要意义。这一交换也许可以被看作更大有机体的形成部分。市区依赖于生产原材料的郊区。而在市区中，物质材料的精细加工及非物质的制度和文化的产生都可以更明显地被观察到，包括在政治、司法、财政等的制度层次方面。

不均衡交换导致了剥削和不公正贸易、资源消耗及生物圈毁坏，全球物质交换对生物圈来说是很严峻的问题。全球形势一体化与地方抵抗和文化矛盾，正在导致全球性的冲突，潜在的大规模结构变化以及文明的兴衰。

从模型到衍生法

虽然这种建筑环境模型理论受到推崇，但是由于具体问题的复杂性，我们很难将这些模型应用于实际当中，也难以达到或超出描述性的表示。我们采用的衍生法是解决超级复杂性问题的有力手段，通过运用生成的设计，可以无缝地整合分析模式和各种数据。

在设计和建筑当中，研究者们提出了一些为解决复杂且突发多变的事件的策略，以及部分系统自组织问题的生成与整合策略。Michael Hensel(2011)回顾了由 Jeffrey Kipnis 等学者提出的移植方法(1993)。这一方法既包括抵抗和超越城市类型学的方法，也包括将城市看作一个动态实体的方法。移植的概念意味着把丰富的彩色地图或者抽象的图解作为图形结构使用，并且把它们作为在同一水平上的全球空间组织者，就像一个人会使用一个网格来代表广泛的组织空间一样，它描绘的是没有特殊计划和功能的抽象空间。借助于一个区分度更高、信息更丰富的图示工具，就像彩色地图一样,可能会生成一个更加多元化和灵活的空间组织,研究过程注重局部化、相互关系及不同项目和活动随着时间的变化。生成设计脱离了城市的描述性模型。城市的描述性模型试图为合理的干涉创造一个基础,它将城市看作一个自组织的实体,同时也将城市看作一个不可预测的整体。

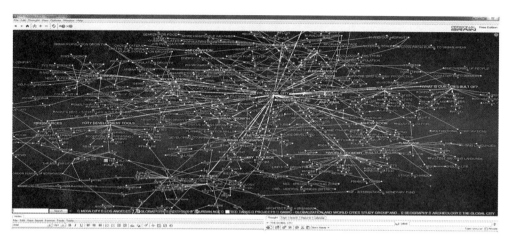

图 8.1

一个全球城市的动态概念模型,将城市描绘成高度互联的网状结构。Personal Brain™软件根据在动画当中选择的集中点和自生成方式重新整理了大型的地图,使得我们可以直观地掌握复杂的地图

Tanja Berquist 的硕士课题,AHO,2009,指导教师 Birger Sevaldson

　　这一方法在 OCEAN NORTH 名为"人造景观"的项目中得到了进一步的发展。这一研究引出了"系统导向"的定义——一个基于时间的数字城市设计概念(Bettum and Hensel 2000)。有关系统导向研究方面,他们调查了许多在以系统为导向的建筑环境设计中重要的问题,包括考虑随时间动态变化的规划操作过程,在法定规划、概念规划和规划导入控制之间确定规划模式,对于在规划的同时如何应对实时信息变化的建议,如何应对未来的变化和分析的融合问题,如何应对生成与整合的设计过程以及图解可视化的广泛实现问题。此外,系统导向的观念是直接连接分离系统的一种手段,就像人造景观离不开地理、生物、经济、社会学和其他一些本地特定参数。这些观念和附加的信息通道形成了系统的整体生态。

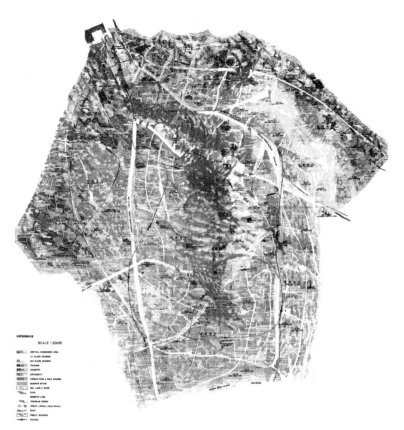

图 8.2

Changliu 分组区域,总体规划,海南岛,中华人民共和国。建筑师开发和使用了一种图像技术,该技术可以使单一、混合、多个及不同使用功能区域的叠加同时显示,既包括了基础设施,也包括了不同项目间的相互联系。AA 毕业设计小组,1993—1994,伦敦建筑学院协会,指导教师 Jeffrey Kipnis, Bahram Shirdel, and Michael Hensel

新的研究领域

在同一时期,新的研究领域从生态学中分离出来。生态学是终极系统科学,它跨越了多个范围的学科,被广泛应用于城市环境和工业生产过程。城市生态学(Marzluff 等 2008)和工业生态学(Frostell 等 2008),这些新领域的知识给复杂性设计带来了新的挑战。我们需要把设计项目立足于丰富的知识,设计过程中既要定量也要定性,同时掌握并能够应用解决复杂问题的合成及生成方法。理论与实践之间需要关联,早期的系统设计方法没有考虑多类型调查的应用,也没有通过复杂的生态知识进行彼此关联。有些人已经迷失在系统意识形态形成的乌托邦之中,像 Ackoff and Sheldon(2003)提出的那样,他们采用一种不够全面的方法来解决自我组织和表现以及大型的生产网的问题。这些例子强有力地说

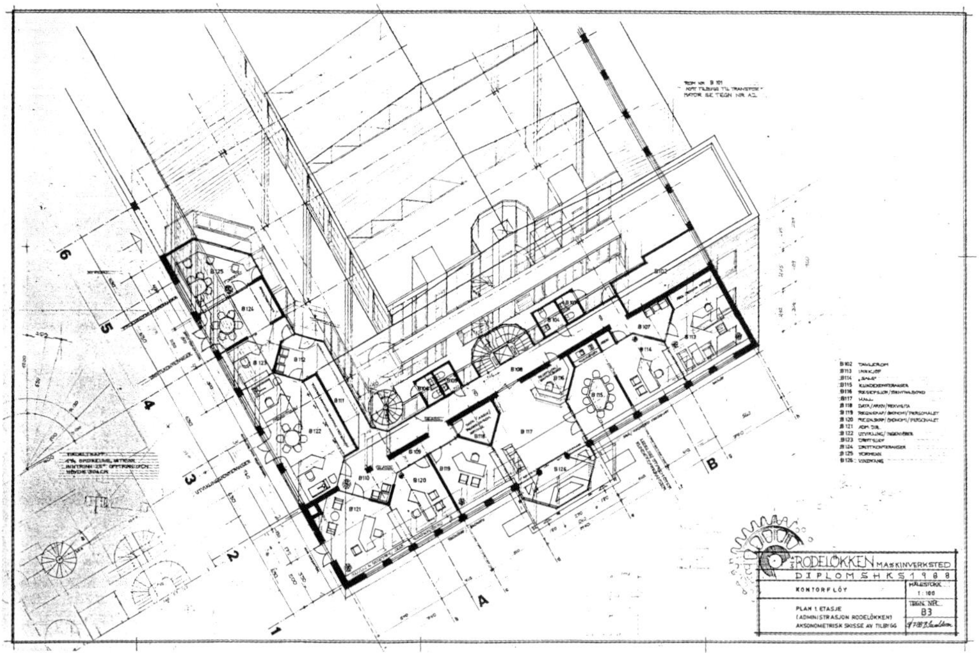

图 8.3
Rodeløkken Maskinve-
rksted(1986)是作者完
成的早期以系统为导向
的设计项目。它协调了
许多不同的规模和尺
寸,从生产区到办公区,
并且强调技术的、社会
的、地方的、交际的、协
作的和经济的尺度。这
幅图显示了建议性的结
构系统布局的办公室,
这一设计是为了满足使
用上的差异性和灵活
性,同时为了个体适应
和未来变动,采用了定
制的家具布局

明了系统思维需要设计思维。以系统为导向的设计意图(Sevald-
son 2008)是为了发展出这样的合成过程,这样的过程是需要想象
力和创造力的,也需要与系统的全部生态结构产生连接,并将这种
合成过程作为系统在不确定的自组织和紧急过程中形成干涉的触
媒。

建筑环境的系统化实践

在以系统为导向的设计领域里,最早的案例是 1986 年作者对
一个生产工厂的改造设计。这个项目是伴随着对未来经济、社会
层面、文化问题、谈判矛盾、促进合作、谈判控制、重新安排和流线
型生产、调查免费租赁空间的管理、丰富环境、使用灵活和合适的
结构以及很多问题的调查开始的。在这一复杂的“云”潜伏期之
后,解决方案浮出水面。这种大信息量的和直观的过程成为了这
一方法的基础,后来发展成为了以系统为导向的设计(Sevaldson
2008)。这一项目表明了我们可以依据实际的和操作的观点来看
待生成的和以系统为导向的途径,在设计过程中,作者非常重视可

靠的直觉,情境思考与方法,这与迭代分析与合成方法一样起到了一个关键作用。

Ambient Amplifiers 项目(Sevaldson and Duong 2000)延续了上述人工景观项目研究的特定路线,方案同样建立在相同的图表技术之上,但是结合了高密度信息和直观的综合体,就像 Rodeløkka 项目里发现的一样。类似 Eisenman(1999)所采用的方法,通过计算机生成动态图像,将动态图像用来抵制计划意图、图式和陈旧的东西,走出建筑类型学的框架(图 8.4)。在 Ambient Amplifiers 的项目中包含三个主要的建筑,科学博物馆、美术馆和体育设施,为了强化和突出地址的中心位置,三者需要协调统一。采用灵活的"岛屿"方案实现这一设想,并用于规划地区和增强主要部分之间的协作。灵活布置的"岛屿"应用了两个原则,首先,没有应用传统的设计手法来锁定未来发展,而是使用折叠表面几何图形;其次,建立一个可选择的向上和向下的分级系统,根据四个阶段的发展进行预设计,跨越了从足迹、基础、框架到充分发达的展览馆。

有人提出将这些岛屿划分为三个部分进行协同管理。由此,通过混合不同岛屿的位置和责任界限,一种利于内部交互与写作的方案被创造出来。这个项目的价值在于,当结合了广泛的研究及基地的调查后,使设计达到一个更高层次的特异性。在这个项目设计中,对复杂的因素之间的关联性进行了考虑,也考虑它们与时间的相关性,为无法预见的未来做好了预防。

从 2001 年起,这样的基于时间过程的研究被称为"设计时间",在奥斯陆建筑与设计学院的一系列大师工作室被进一步研究(Sevaldson 2004)。这里主要分析时间线序列和系统如何随时间停止,由此开始了对概念联系和相关模式的更深层次的研究,这最终导致了系统化导向设计的发展。

图 8.4

Ambient Amplifiers 伴随着无计划的空间结构开始,这一空间结构生成于基地模型和 Channelling Systems 的粒子动画的复杂设置(第一行)。通过一些图片的平移(第二行),生成图像被用作对地址进行设计干预措施(第三行)。设计干预措施把一个循环和一个表面(第四行)、一个可规划的道路系统、一个灵活的栅栏连接到一个植物园和一个"岛"的系统,并用其协调建筑设备和不同利益相关者与地点(最后一行)。"岛"作为表面清晰度的系统,向地点提供附加值和可用性。它们显示了设计发展的四个阶段,能够从一个阶段发展到另一个阶段,设计者可以根据需要来提高或者降低它们的清晰度

系统论观点

以系统论为导向的设计方法源于上述设计项目和技术应用，并且用系统论将它们合并起来。系统论跨越的领域很大，包括彼此矛盾的硬理论、软理论和方法。在这里我们只列举一些对以系统论为导向的设计方法的产生有重要意义的理论和理论家，有软系统方法论(Checkland 2000)、系统设计(Maier and Rechtin 2000；Rechtin 1999)和关键系统思想(Midgley 2000；Ulrich 1983)。理论家有 Christopher Alexander (1964)，Ranulph Glanville (1994)和 Wolfgang Jonas(1996)。

尽管有许多人参考借鉴系统论并在设计项目中应用它，但这些方法都是来自于其他领域的已创建的系统论思想。因此，还缺少适用于设计领域的系统论思维和系统论实践。这些从其他领域导入系统论方法的尝试不能与设计思维和设计项目完美地结合。通常认为，这些方法过于技术和机械化或者过于偏重人类学；它们没有为设计思维留有充足的空间。

以系统论为导向的设计方法

以系统论为导向的设计方法是一个系统化思考的方法，它是被理论家和 AHO 的研究者们开发出来的，现在已经被划分为一个设计研究领域的分支。以系统论为导向设计的主要目标是建立设计者系统化思维和系统化实践的感觉，从而使得设计思维与实践能够更好地结合，以处理特别复杂的问题。

这并不阻止以系统论为导向的设计从其他上述领域寻找实用的理论和方法。在其中的一些方法之中，直觉判断和艺术方法比较重要。直觉的概念这里被理解为一种专长的能力，就像 Dreyfus 和 Dreyfus 的技能获取模型描述的那样(Dreyfus and Dreyfus 1980)。一个系统化实践的软方法将会考虑整体直觉，这种直觉通过观察、参与、高强度研究、分析和思维以及设计实践来开发。设计跨越了软科学方法与硬科学方法，并且常常得益于作为软科学方法补充的硬科学的方法模型。关键性的系统化思维形成的理论基础允许不同的系统方法以三角形式共存。

跨越尺度和类别

　　以系统论为导向的设计包含系统内不同尺度层次和系统间相互联系两方面内容。这里我们将着眼于三个层级：

　　(1)从宏观视角来看,我们可以将城市和建筑环境看作众多过程和临时储存材料的整体(Bettum & Hensel 2000)。

　　(2)从中观视角来看,建筑环境的转换是一个持续不断的过程,涉及维护、翻新、所有权的改变等。这涉及一个大规模的经济变动,包括将房产视为投资,文化、政治和社会的中产阶级化。西方社会从工业到服务业的改变。我们建筑环境系统水平的重要性在最近的金融危机中更加突出。

　　(3)就具体的微观尺度而言,建筑特有的日常运营模式同样显示出相关活动和运营的复杂性。建筑师的研究离不开建筑的运营、居住者以及居住者一天的生活和活动。从这一角度来看待建筑,它就是一个生活机器,一个有着多种诠释的物体,这种诠释来自于个人使用和复杂的分层系统以及随时间而显现出来的相互关系。

　　层级的存在可能会影响建筑的设计。为了从以系统论为导向的设计角度来理解建筑环境,我们需要跨尺度和类别来考查它们是如何相互联系的。这需要重视技巧和技术,在系统化实践中尤其要加以注意。

以系统为导向的设计技巧和技术

　　系统化导向设计是基于系统化思维和实践的,就像技巧与技术一样,这是需要学习的。它们基于常规设计实践和特殊的信息可视化图表,这是它们的关键特性。信息可视化被看作一种交流和处理的工具,它在系统化导向设计中处于核心地位。系统化导向设计中的可视化的最重要的概念是 GIGA-mapping(巨量信息映射图法)。

巨量信息映射图法（*GIGA-mapping*）

GIGA-map 是在实现设计目的的过程中，将信息可视化的手段之一。它的用途广泛，可将数量众多的元素、场地等绘制出来，并能体现出它们之间的相关性。GIGA-map 的目的是最终能够对整体复杂性开发出一种"感觉"，开发出概念和有关主题，开发出有利于直觉判断的生成设计状态，开发出对实体的、部分的以及相互联系的详细认识，由此找到干预措施与创新潜力的重点。地图具有以下功能：

① 绘制和协调已经存在的信息；

② 涵盖和组织从目标研究中获得的信息；

③ 建立专家网络并与他们交流；

④ 可视化一个涉及利益相关者的讨论平台；

⑤ 以一个获知的方式来定义系统的边界；

⑥ 为干预和创新而定义区域和点；

⑦ 将最终方案可视化并就此沟通。

在 GIGA-mapping 中，采用了更为宽泛和纵深的迭代方法。第一幅图应尽量包含最广泛的信息，获得关于调查地域的第一手资料。几个程序地图均来自于项目的出发点。这样的方案，其未来发展方向通常是边界的，经过缩放以确定兴趣点，并为潜在的干预设定空白区域。GIGA-mapping 通过信息获取的方式有助于解决复杂的边界问题。GIGA-mapping 通过相关的和临界的方式建立系统，而不是基于类型限制和传统偏好，利用系统原理的思维来绘制边界。然而仅依靠边界及传统系统理论，所研究的问题就会有局限性。软系统方法论把系统概念和边界看作理论模型。在看到处于危险环境中的复杂性的时候，确定一个基于深层知识的边界的实际定义，其相关度是最高的。现实批判思想在现代系统思维中处于中心地位（Midgley 2000）。

这种巨量信息图化技术与现场工作和专家网络平台结合，通过阶段性研究成果和其他模式来了解调查的主题。同时，监管和涉及的技术也参与到实际的研究行动中。

巨量信息映射图法（*GIGA-mapping*）的应用

接下来我们将展示以系统化为导向的设计和 GIGA-mapping 在建筑环境创新中的两种不同应用方式。选择的实例给出了以系统化为导向的设计的不同应用，这可以进行总结并应用到其他情况当中。第一个实例涉及了动态项目规划，第二个实例涉及了建筑的创新材料系统与基地的协商和利用情况。

"Miniøya"儿童音乐节的实例说明了在紧急情况下，人群如何疏散，在这个实例中实现了密集人群的致密化模式。这一实例展示了一个活动如何以一个动态方式来规划，在活动中时间就是本质要素。实际上时间似乎是主要的"设计材料"，这一原则为许多其他类似情况下的人群管理做出了有价值的贡献。

该项目当中的两个中心问题是随时间的活动的设计以及发生拥挤的地方的安全问题。该项目用活动作为吸引要素。在一个特定的持续时间里，一个流行乐队将会形成强有力的吸引源，而小型活动会成为一个较弱的吸引源，也会是一个不同的地点与时间上的吸引源。小型活动用于抑制强有力的吸引者引起的人群流动趋势。具体策略是当大型节目即将上演前，先上演一些小型节目，以便于它们能够将现场时间拉伸，减少观众的密度。这是与其他演员的活动结合的。保安将会了解活动的模式并且将会及时地出现在需要出现的地方。同时一个移动的表演团也用来以动态的方式在空间内对人群聚集强度进行修正。这些设置可以在需要的时候贯彻执行。他们将会有表演人员和提供消息者的双重身份，用这样的身份来收集有关人群强度和密度的信息，并将异常情况报告给调控管理人员。这个实例中的 GIGA-mapping 是以"关键结构"的形式实现的。关键框架可以表明可能的特殊场景。这个设计中的动力源就是节日的计划和建立在计划中的场景。计划根据场景产生的信息来进行改变。Miniøya 是由 AHO 的 Birger Sevaldson 指导，Birger Sevaldson 设计的。

辅助结构的研究使空间转换和中介空间可以建立在已有的环境中。这包括了法律上的、地方的、社会的、文化的、行人的、微气候的、商业的问题以及广泛意义上的可持续性的终极问题。新建

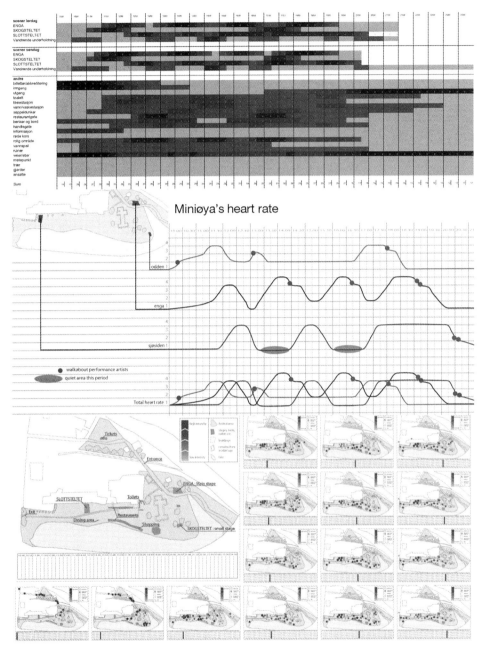

图 8.5

"Miniøya"儿童音乐节的基于时间因子的映射图的例子:从上至下:活动的时间线;三个最吸引人的且有定时表演的固定场所的时间线;节日拥挤模式时间线情况。AHO 系统化导向设计工作室,硕士研究生 Ingunn Hesselberg,指导教师:Birger Sevaldson,2010

筑可以根据更新的标准(如"Energy+")来建造。这些标准仅仅解决了能源消耗问题,没有解决上述的其他问题。更危急的事实是,要花费数年才能使大部分建筑环境被替换或更新至能满足可持续发展理念的合理标准。因此,既有建筑的更新在未来将会扮演一个重要的角色。事实上建筑的更新需要一个新的和更加灵活的方法来构建建筑的概念。

来自于其中一个项目的 GIGA-map 展示了辅助结构如何在多个层面上发挥作用。它包括了基地的、领土的、微气候的、社会的、经济的和司法的讨论以及解决了与这些方面相关的材料系统的选取。通过斯堪的纳维亚的人权法(一个每个人都可以到达农场以外的古老权利),基地应该可以被访问,该项目扩大了基地及其邻近区域的可访问性。在这里还有许多不同用途的策划和领土的动态策划。这个项目说明了有着多方面的灵活的材料系统的使用功能,这一功能将满足许多上述提到的问题。在这个实例当中木屋面及其根据微气候变化的动态性能被用于协调所有尺度。因此该项目形成了一种在大规模考虑与微尺度性能之间的紧密联系。这种想法预测了一种更加高级的有关建筑环境的方法,协作解决问题的潜力很大。在 AHO 辅助构造工作室内,在 Michael Hensel、Defne Sungurog lu Hensel 和作者的指导下,研究生 Daniela Puga 和 Eva Johansson 完成了这一项目。

结　论

本章所展示的实例,都是借助于系统化的方法绘制出它们的核心内容和边界范围。这些项目考虑的内容比一般项目要多。很明显,可能有些项目设计更趋向于达到一种复杂的状态,但这却不一定符合系统化思维方式。作者具有详尽介绍建筑项目的第一手经验,但这些项目通常缺少以系统为导向的设计的特点、灵活性和与动态环境的连通性、系统内的关联性、协同效应的发展和适应不可预见未来的弹性。

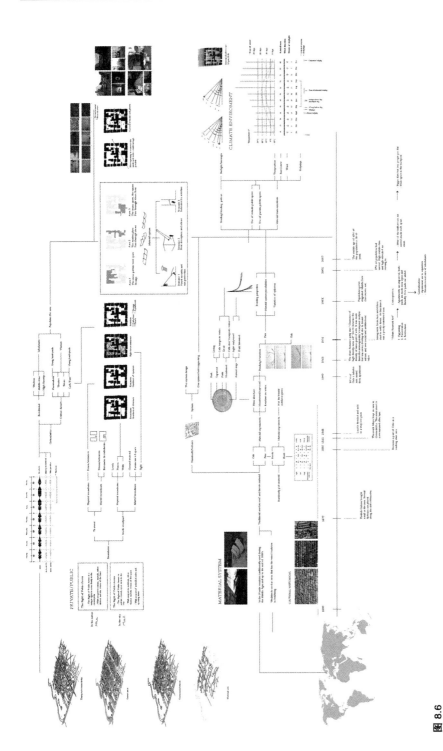

图 8.6

利用 GIGA-map 探究了大尺度城市街区、中观尺度城市街区与建筑以及微观尺度的详细材料系统与性能三者之间的交叉标量关系。AHO 辅助构造工作室，硕士

研究生 Daniela Puga 和 Eva Johansson，指导教师：Michael Hensel,Defne Sunguroğlu Hensel and Birger Sevaldson,2010

所有展示的实例都说明了采用系统方法可以使创新研究达到更高的水平。通常这些创新的发现需要将不同领域或学科融合，例如 Rodeløkken 的实践项目，将社会空间、经济与技术相结合；例如 Ambient Amplifiers 和 Miniøya 的实践项目，将方案设计与动态事件相结合；例如辅助建筑研究，将社会活动、司法活动和材料系统相结合。

创新对于建筑环境来说是必不可少的，为了实现创新我们需要更长远的调查和更好地预测我们的行为所带来的结果。创新并不单纯意味着单一的技术发明，而是要将技术发明应用于系统之中，并且充分利用系统的协同效应。

参考文献

Ackoff, R. and Sheldon, R. (2003) *Redesigning Society*, Stanford, CA, Stanford University Press.

Alexander, C. (1964) *Notes on the Synthesis of Form*, Cambridge, MA, Harvard University Press.

Alexander, C. (1965) 'A City is not a Tree' (Part I and Part II), *Architectural Forum* 122: 58-62 (Part I), 58-62 (Part II).

Bettum, J. and Hensel, M. (2000) 'Channelling Systems: Dynamic Processes and Digital Timebased Methods in Urban Design', *Contemporary Processes in Architecture*, AD Architectural Design 70, 3: 36-41.

Castells, M. (2010) *The Rise of the Network Society*, Chichester, West Sussex; Malden, MA, Wiley-Blackwell.

Checkland, P. (2000) *Systems Thinking*, *Systems Practice*, Chichester, West Sussex, John Wiley & Sons. Deleuze, G. and Guatari, F. (1988) A Thousand Plateaus: Capitalism and Schizophrenia, London, Athlone Press.

Dreyfus, S. E. and Dreyfus, H. L. (1980) *A Five-stage Model of the Mental Activities Involved in Directed Skill Acquisition*, Report, Operations Research Center, University of California Berkeley.

Eisenman, P. (1999) *Diagram Diaries*, New York, Universe.

Glanville, R. (1994) *A Ship without a Rudder* [Online]. Southsea: CybernEthics Research, http://citeseerx. ist. psu. edu/viewdoc/download? doi=10. 1. 1. 37. 7453&rep=rep1&type=pdf.

Hensel, M. U. (2011) 'Type? What Type? Further Reflections on the Extended Threshold', *Typological Urbanism*: *Projective Cities*, *AD Architectural Design* 81, 1: 56-65.

Jonas, W. (1996) 'Systems Thinking in Industrial Design', Paper presented at the *Systems Dynamics* 96, Cambridge, MA.

Kipnis, J. (1993) 'Towards a New Architecture', *Folding in Architecture*, *AD Architectural Design* 102: 40-49.

Maier, M. W. and Rechtin, E. (2000) *The Art of Systems Architecture*, Boca Raton, FL, CRC Press.

Marzluff, M., Shulenberger, E., Endlicher, W. Alberti, M., Bradley, G. Ryan, C. ZumBrunnen, C. and Simon, U. (eds) (2008) *Urban Ecology – An International Perspective on the Interactionbetween Humans and Nature*, New York, Springer.

Midgley, G. (2000) *Systems Intervention*: *Philosophy*, *Methodology*, *and Practice*, New York, Kluver Academic/Plenum Publishers.

Rechtin, E. (1999) *Systems Architecting of Organisations*: *Why Eagles Can't Swim*, *Boca Raton*, FL, CRC Press LLC.

Sevaldson, B. (2004) 'Designing Time: A Laboratory for Time Based Design', Future Ground, Melbourne, DRS, http://www. futureground. monash. edu. au/.

Sevaldson, B. (2008) 'A System Approach to Design Learning', Systemisches *Denken und Integrales Entwerfen/System Thinking and Integral Design*, Offenbach, Präsident der Hochschule für Gestaltung Offenbach am Main: 22-33.

Sevaldson, B. and Duong, P. (2000) *Ambient Amplifiers*, http://www. birger-sevaldson. no/ambient_amplifiers/competition/.

Ulrich, W. (1983) *Critical Heuristics of Social Planning*, Berne, Haupt.

9

基于"性能导向"理念下的建筑设计研究创新

Michael U. Hensel

技术是在实践过程中产生的,就认知过程来说技术是先于科学的,行为是先于理论的……因此,对技术的求解过程就是对技术需求的回应过程。

(Pitt 2000:104)

科学研究对人类行为的逐渐渗透是不可避免的,随时都在发生。但这并不意味着科学就可以主宰一切,仅仅意味着科学已经融入人类的各项活动之中。

(Ackoff 1967:151)

关于建筑设计与研究之间关系的初步思考

本章从论述建筑设计和建筑研究两者的特殊关系着手,逐步讨论一种以建筑性能为导向的,介于建筑设计和理论之间的研究方法。设计与研究的关系涉及两个层面:其一是解决建筑学科自身的专业性的问题;其二是努力探索适宜的、产生建筑形式的方法。目前的核心问题是:对于全新的建筑形式,是否是经过建筑师足够深入地进行研究之后产生的,并且这些研究是否具有实际意义。建筑形式是否经过研究并经过科学的方法产生,这个问题不仅关系到建筑师采取的行为方式能否被称为研究,也取决于研究是否足够深入。我们不应该去纠结研究中"度"的问题,而应该思考采用多种不同形式的研究方法。换句话说,建筑创作应该形成一种结构性的、成体系的研究方式,这才是建筑真正需要的。

建筑形式研究包括基本性研究和探索性研究,研究的目的是为了发现问题与机遇，运用新的建造方式，找到解决问题的途径，并且通过经验观察和实践实验来验证这种解决方式的可行性。

　　建筑需要满足人类的社会属性，同时又涉及人类的自然属性，它需要多学科之间的共同协作，与此同时自身也形成了一门独立的科学。如果试图缩小建筑学与其他学科的联系，将会导致建筑这门学科的特征不能够被明确地界定。这个问题可以通过多学科的交互来给出答案。1994 年 11 月，在葡萄牙举办的世界第一届多学科交叉学术交流会议中，第一次提出了学科交互的基本路线和章程。章程的第三部分阐述了这样一个问题：

　　"多学科交叉促进了各学科的发展。它为不同学科之间提供了新的数据支持，为不同学科之间新的交互方式提供了机遇，它揭示了自然界的真实规律。多学科交叉不是抑制学科发展，而是打破学科界限壁垒，让人们共享彼此学科的研究成就。"

（CIRET 1994）

　　建筑学作为一门独立的学科，必须考虑其学科的特殊性。建筑学与其他学科联系紧密，要求能够掌握相关领域的知识，所以也要求建筑师具有整合多学科知识的能力。

　　章程的第五部分，通过阐述了一种现实可行的方式，进一步明确建筑学的意义，如果这种方式被接受，将会引发对跨学科的本质进行更深层次的讨论。

　　设计和研究变得复杂的一个原因是：建筑师对不同的研究方法和不同学科领域的知识储备不足，因此更谈不上将多学科的知识进行融合。灵感的出现，源于实际的人类生产过程，但这却经常被错过。人工二分法可以应用于理论和实践当中，知识是源于不断的实践积累并基于与人类主客观映射而产生的，如果在强加的二分法的第二次机会上缺失了，还会有很多不同的方式来弥补。比如通过设计来进行研究就是一种可行的研究方式。建筑的实践过程需要严格的可实施性，并且需要相关理论基础与框架作为支撑，所以如果在建筑学的理念论述与重要的实践成果之间，能够模拟出与实际环境之间的相互关系，通过对环境的拓展研究，这样对建筑设计的指引作用则十分明显。通过对设计的研究,并找到正确的方法与途径,能够在建筑领域获得更智能、更科学的成果。现在仍然有一部分人反对建筑学与其他科学过于紧密的联系,认为这并不适用于建筑学领域。因此,通过对设计的研究来形成可靠的理论方法和研究框架显得尤为必要。

建筑与性能

从 20 世纪中期开始,建筑学领域内外都发生了许多进展,这对在建筑学中引入"性能"概念起到了促进作用。这些进展包括系统论的思维与分析方法的兴起,也包括"性能"概念在大量学科中的兴起。

20 世纪四五十年代,出现了一种新的思维方式,即众所周知的"性能导向",这在人文学科和社会科学中引发了一种思维范式转变,这种范式关注社会文化领域中的理论化"性能"。这种思维范式的转变包括两次关键的进展:第一次进展起源可以追溯到演绎法的发展,演绎法开阔了表现思维的视野,给予思维更大的舞台,并且演绎法认为每种文化都可以作为一种表现方式独立存在(Kenneth Duva Burke,Victor Wittner Turner,Erving Goffman);第二次进展源于英国的哲学家 John Langshaw Austin 的语言学理论,他认为演说组成的实践活动能够影响并转化成现实(Austin 1962)。作为一个变化发展的结果,"性能"成为当今被频繁使用的一个概念,被用来以启发的形式理解人们的行为。这个理论的前提是基于一种假设,即所有的人类实践活动都是"性能化的"。

"性能(performativity)"这个概念在科技与经济领域开始处于持续性的支配地位。Andrew Pickering 描绘科学范畴内的从"表征性的形式"向"性能性的形式"的转变。他认为在科技文化的理念扩展中,超越科学知识的材料、社会以及科学的时间维度等要素,使得科学变得更容易想象,科学就不再仅仅是陈述性的(Pickering 1995:5-6)。Pickering 认为:

　　一个人可以从这种思维开始,即充斥于世界的不是事实和观察描述,而是相互作用。我想说的是,这个世界正持续不断地产生事物,这些事物与我们自身之间的关系,不是如同空洞知识之于对其的观察描述,而是如同力施加于物体。

(Pickering 1995:6)

　　实践效果与多重的文化因素有关,同时在其他学科的某些方面上会产生共鸣(Pickering 1995：95)。在《学科交叉章程》的第五款中规定:

　　跨学科的视野要秉持开放性,并要求与人文、艺术、文学、诗歌、社会科学以及心灵上的体验相互融合。

(CIRET 1994)

图 9.1

1967 年 8 月《建筑改革》杂志的封面,这本杂志关注建筑性能设计的主题

　　Pickering 认为知识生产对于科学实践可以作为一种"驱动"的手段,例如通过其他学科的研究活动,可以促使本学科发生机制转化和范式变换,从而会带来一种有变革力的影响。

　　随着系统工程与系统分析方法的发展,20 世纪 60 年代,运用系统论的方法进行的建筑实践对建筑形式产生了重大影响。美国的《建筑改革》杂志(P/A)在 1967 年 8 月出版了一期名为《性能设计》的专刊,论述了在 20 世纪 40 年代兴起的系统工程学对建筑领域产生的影响，提出了以学科交互来解决复杂工程问题的方法。美国宇航局的"阿波罗"登月计划就是体现这种理念的范例。系统论的重点是将复杂的工程问题模型化，《建筑改革》阐述了系统分析学、系统工程学以及可行性研究等一系列理念。这些理念都是通过建立数学模型来有效地解决科学问题的。《建筑改革》杂志中认为：

（1）一个理论的形成，会对一系列独立的结果或者实验现象产生影响。

（2）这个理论是否可以验证解释一些已知定律，且其他已知的结果是否能够提供支持。

（3）这个理论对一些事物的发展能够预测，并且用来检测这项理论的有效性。

但是这些检测方式仅仅可以验证一些硬性科学，对于美学这些偏主观的软性科学却不适用。设计的问题需要有足够清晰的描述，因此通过硬性的系统性研究，能够直观地研究其可变性。这些硬性的数学模型虽然对于物理环境有充分的分析，但没有考虑一些人为的因素。因此我们需要硬性与软性科学相结合，用渐进的研究方法来处理复杂的动态系统。《建筑改革》提出了最初的控制论，这起源于多学科的交流，比如复杂的理论以及系统生态学。在20世纪60年代，系统生态学的出现提出了比硬性系统更兼容的一种方式。然而这种方式的影响和评论直到最近才在一些出版物上出现（例如 Kolarevic 和 Malkawi 2005；Hensel 和 Menges 2008）。这些出版物论述了硬性和软性科学的研究方式，同时也包含了多种技术的集成与融合。目前，该研究方向正在逐步引向深入，在未来的几十年内需要投入更多的努力，其研究前景广阔。由于需要通过不断地设计研究来规范一些理论和研究框架，因此没有速成的问题弥补方式。

"性能"作为一种理念，使四类相关领域的研究变为可能，即人类主题、环境（广义上的）、空间以及材料的复杂结构（Hensel 2010）。一些基于性能为导向的建筑理念已经成型，这些理念、应用特点和标准将在下文中详细展开。

以辅助体系为主导的性能导向设计

系统论的方法揭示了建筑始终处于与其关联的各种系统之中，对系统间多方面的互相影响是研究的重点。Pim Martens 教授注重理念的应用性，他在 Maastricht 大学可持续发展的讲座上提出的可持续发展理念与研究范式为：

我们需要一个新的研究范式，用来反映建筑可持续发展的复杂性和多维性。这个新的范式被称作可持续科学，包括建筑的不同级别和尺度（时间、空间和功能），多样的动态平衡，多方面的利益诉求和各种系统性故障。

(Martens 2006：38)

通过结合环境科学、人文科学、经济学以及其他领域的成果，跨学科的交流已经解决了概念拓展和方法论的问题，这是一个关于可持续发展研究的新范式。例如，多尺度、多标准的可持续性分析。（相关资料可参考 Giampietro，Mayumi 和 Munda 2006 ，Giampietro，Mayumi 和 Ramos-Martin 2008）。这种新范式的主要特点体现在城市和区域规划的实践方面，比如，城市生态领域（相关资料参见 Marzluff 等 2008）。此外，建筑师普遍具有的系统性思维本身也是一种设计过程，基于系统性思维下的设计方法（参见 Sevaldson 2009 和 2010）如今也已经初具规模。目前，在建筑领域内系统性思维还没有充分地发展起来，暂时没有明确定义，也缺乏合理定位。这个问题是由于建筑设计缺乏连贯性造成的，这一观念排除了其他复杂的理解方式，即建筑物是如何随着时间的推移产生，以及如何在产生过程中不断加入更复杂的关系。在动态的过程中产生了各种不同需求，因此需要根植于复杂性理论，对不同需求进行选择。

德国建筑师、学者弗雷·奥托认为："构造学并不是解决工程问题的唯一途径，它仅仅是解决问题的一种补充方式。"（Songel 2010：11）。同样，美国建筑理论家 David Leatherbarrow 认为，建筑受众多已知的和未知的概念影响(Leatherbarrow 2011),包括人为影响和自然条件的影响。这些理念为我们克服了以独立的个体过程思考设计建筑可持续性的错误倾向,并为我们提供了重要的理论支持。同时,这些想法也促进了一种更谨慎的从辅助性角度对建筑的反思。很明显,建筑经常有意或无意地以这种方式发展。然而,设计思维确实需要多元化,我们需要多学科的交流,并且要在建筑设计前期的系统构思和建造过程中形成紧密的结合,这就需要设计师提供特定技术路线和高水平、可依靠的技术支持。因此,对于环境和项目特殊条件的辅助来说辅助性原则的发展至关重要。辅助性作为核心的概念,也可以看作工具性的成果,需要在更多过程细节上得以发展。目前,它区分了两种不同程度的附属关系,被称为第一等级和第二等级的辅助性。

第一等级的辅助性

关于第一等级辅助性的建筑,哈鸠桥在功能复合方面比较有说服力,该桥位于伊斯法罕,建成于约 1650 年。伊斯法罕位于伊朗 Zayandeh 河周边的平原地区。哈鸠桥是双层结构,现在既有通行功能,是交通体系的一部分,同时又具备水利设施功能,包括灌溉土地、饮用水供应、房屋的降温等。桥梁水堰设有蓄水闸门,对于整个地方区域的水利管理至关重要。此外,哈鸠桥所具备的一些特性是基于偶然的,这是一种有趣的构造形式桥通过与水体的接触形成了一个巨大的散热片,以这样的方式分散气流,使下层空间的空气在炎热的季节能够被冷却,这对于炎热地区十分重要。通过利用当地的条件和气候,桥梁营造了多样的微气候。没有借助于电气机械设备,而是通过空间和材料的统筹组织,通过与环境的相互作用形成了微气候。桥梁内部空间布局合理,可用空间充足,在地方政策的鼓励下,它成为一个市民聚会交流的场所。

辅助性显然不是一个专属于建筑具体使用功能的属性。在前工业时期,有许多地域性建筑的例子,这些建筑对环境背景和经济

图 9.2
辅助性建筑研究：哈鸠桥

条件做出了深入的考虑，同时表达地方特有的城市与建筑文脉，而且几乎都体现了以人为本的建筑思想。

在建筑可持续思想发展的前提下，需要强调一个更少以人类为中心的、具有广泛性和包容性的生态范式。在这里，人类活动无法以更优的处理方式来处理重新掌握技术与重组建筑的复杂需求。在挪威奥斯陆建筑与设计学院的建筑技术研究中心，这个课题的研究项目已经展开，并已经面向更为广泛的生态模式。

第二等级的辅助性

为了防止建筑建成后期不会在短期内变化，需要对建筑环境进行补充设计，这是十分必要的。研究认为，设计是对那些已经存在的事物的补充。这些补充设计包含了第二层次上的辅助性，并且提供了有力的依据，在不改变城市的肌理与建筑的前提下，来适

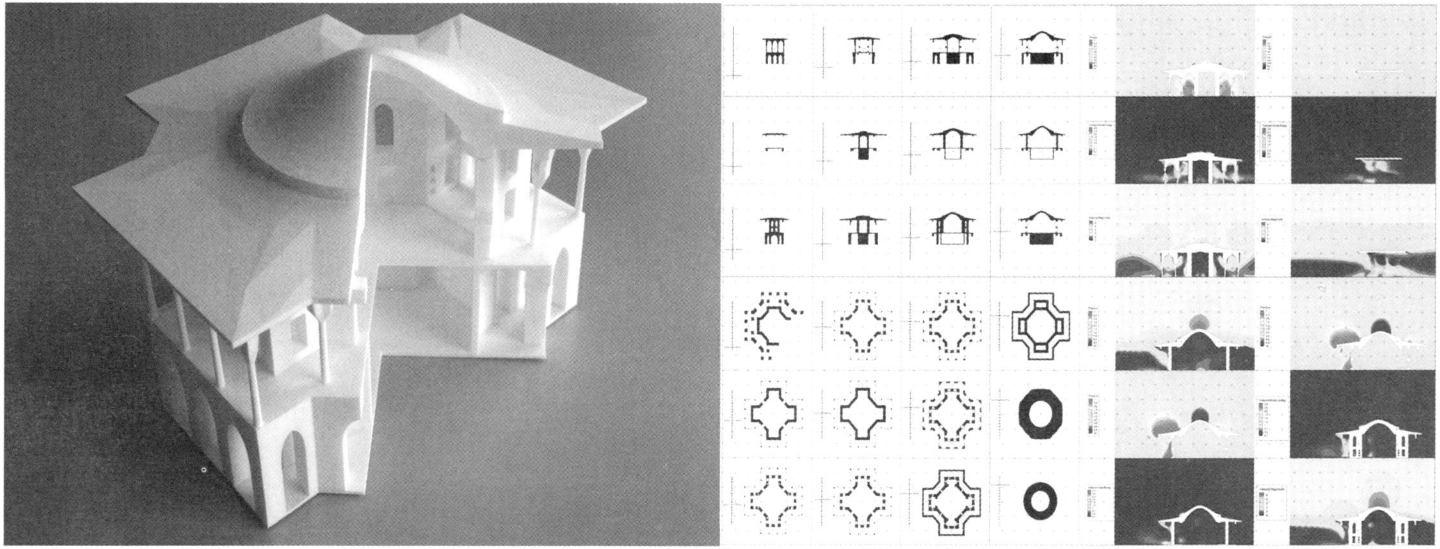

图 9.3

奥斯陆建筑与设计学院（Defne Sunguro glu Hensel）与 φyvind Andreassen 及挪威国防科学研究院（Emma M. M.Wingstedt）合作进行的扩展阈值研究。研究侧重分析了土耳其伊斯坦布尔斯的托普卡帕宫的空间形式、材料结合方式以及建筑环境。中图：纵向和横向截面的序列表明，通过材料复杂的衔接形成了不同的组合空间。右图：通过计算流体动力学（CFD）分析计算气流流速度、压力区、湍流动能等因素，发现环境对于托普卡帕宫有很大的影响。对于进一步的阐述，请参阅：Hensel,M.and Sun guroglu Hensel,D.(2010)，Extended Thresholds II:The Articulated Threshold, . Turkey: At the Threshold,AD Architectural Design 80,1:20 25

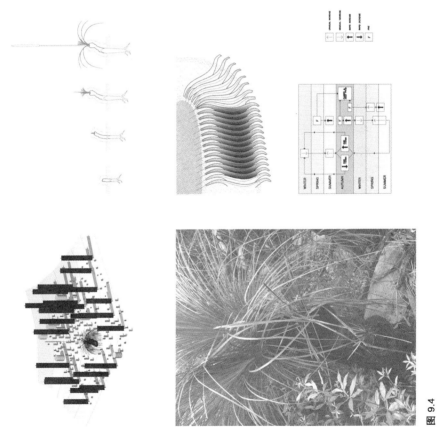

图 9.4

2008 年，生态研究小组成员 Michael Hensel 和 Defne Sunguroğlu Hensel 与一些硕士学生在澳大利亚悉尼科技大学做的生态研究。研究小组着重于模拟一个小面积生态系统的生物多样性，侧重于生物和环境的关系的研究，研究了生物形态和生理构造与环境与微气候之间的关系

图 9.5

IEU 伊兹密尔经济大学膜空间研究小组在 2009 年开展的辅助性建筑研究,由 Michael Hensel 和 Defne Sungurǒglu Hensel 指导。研究小组非常注重获得异化膜结构设计所需的可靠的知识和数据。这些第二等级的辅助系统可用于改善已有场所的环境性能。图中为研究小组的各种实验,包括实验和仿真模拟找形、环境性能测试、缩尺模型安装以及在预定场所的实际安装

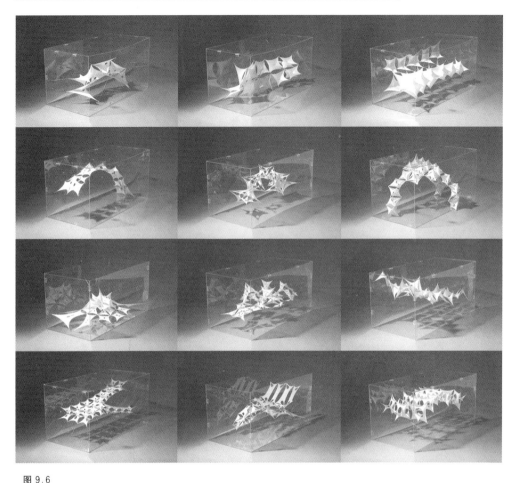

图 9.6

IEU 伊兹密尔经济大学膜空间研究小组在 2009 年开展的辅助性建筑研究，由 Michael Hensel 和 Defne Sunguroglu Hensel 指导。结构化和系统化的设计研究可用于性能对比分析。上图为研究小组制作的 20 个异化膜结构系统中的 12 个

应差异化的空间以及特定模块化的微气候背景。建筑历史可以提供这样一种保护以及探索的补充，然而关于这方面的研究以及出版物非常稀少，其中就包括弗雷·奥托和他在斯图加特的轻型结构团队，还包括奥斯陆建筑与设计学院的研究中心。他们最近的研究主要侧重于历史案例分析，以及通过设计的手段来寻求评价方式以及合适的材料系统。

这项工作的重要性在于，这是对此类辅助性建筑的可靠数据获取与性能实现的验证。为了完成这项工作，需要进行系统化的

图 9.7

IEU 伊兹密尔经济大学膜空间研究小组在 2009 年所建立的辅助体系。Michael Hensel 和 Defne Sunguroğlu Hensel 制作的一个特定的膜系统,其阴影和底纹图案的计算分析。相关资料请参阅: Hensel, M. and Sunguroğlu Hensel, D. 'Extended Thresholds III: Auxiliary Architectures'. Turkey: At the Threshold, AD Architectural Design 2010, 80(1)76-83

图 9.8

IEU 伊兹密尔经济大学膜空间研究小组所建立的辅助体系。安装在走廊的膜材全尺模型:用于遮挡早晨与中午的阳光照射,加强夜间低角度反射光线

设计研究,因为这种设计被要求依据已有的特定条件背景,并且要探索提供一个能结合空间与环境的分化与异质性的相关范围。

形式与功能的区分

哈桑·法赛研究了炎热干旱地区建筑适应环境的问题,他分析了穆斯林地区地域性的遮板墙,当地人称之为 mashrabiyas(Fathy 1986)。这些由木格栅组合形成的遮板墙有着一些与众不同的优点:在它遮挡的通道里,有良好的光照和通风,适宜的温湿度,以及室内外良好的可视度。组成遮板墙的木格栅的尺寸经过严格的校准,其不同的组成部位为不同的使用功能服务,例如,在人坐视以及站视的高度位置,格栅之间的缝隙很小,这样可以减少眩光;在高处设置缝隙大一些的格栅,通过加强引风,可以改善室内的空气流动状况。遮板墙的细节处理满足了其多种使用功能的同时,也形成了独特的艺术表现形式,比如具有表现力的花纹图案以及抽象的几何图案。遮板墙体现了功能与形式的有机融合,而不是独立地划分为不同的建筑元素。多重的功能性也直接影响了辅助性的概念,通过不同辅助系统的融合,建筑可以获取更多的功能。

边界扩展的微气候模型

Mashrabīyas 遮板墙还有另一个有趣的方面,它使边界可视作一种主动的且可扩展的区域。美国学者 Addington 与 Schodek 解释道:

> 对于物理学家,边界不是一个具象的事物而是一种行为。环境被认为是能量场,边界即不同能量场的过渡空间。可以说,它是环境能量转变的场所,从高能量状态转变至低能量状态,或者从一种能量形式转变为另一种能量形式。因此边界不是一个界限轮廓而是一种过渡中介。

（Addington and Schodek 2005：7）

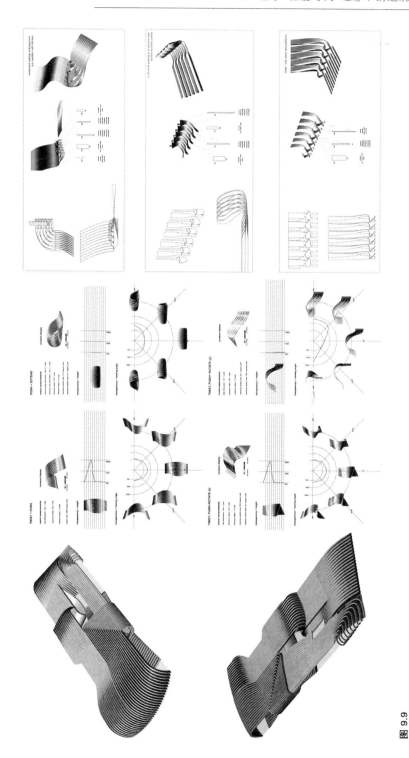

图 9.9

丹麦哥本哈根剧场竞赛作品。由 Nasrin Kalbasi 和 Dimitrios Tsigos 在 AA 的第四研究室中设计，由 Michael Hensel 和 Ludo Grooteman 指导。左图：数字模型的两个视图，展示出出了围护结构从闭合面型条纹式的过渡，顺应自然地形的半掩式造型。中图：对纹理密度、方向和曲率的几何研究，以及由此产生的视觉通透与阻隔的包络。右图：对大小渐变的横纹肌理、渐变成型的家具和人体工程学的尺度研究。在这个方案中，元素构件沿它们的纵向轴旋转，使该区域的尺度相应转变，以适应空间和家具，十分人性化

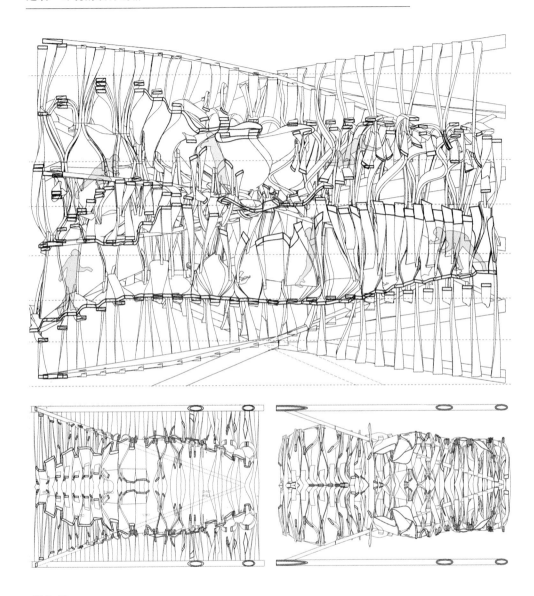

图 9.10a

Dimitrios Tsigos 和 Hani Fallaha，在 Michael Hensel 和 Ludo Grooteman 的指导下的临时房屋研究。这项研究在 AA 第四研究室完成。纵向部分和两个平面部分显示该项目条纹构造的方案。显示了小尺度的住房单元的表面材料带与人体尺度的相关性

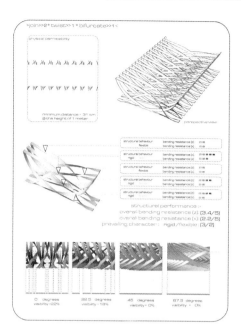

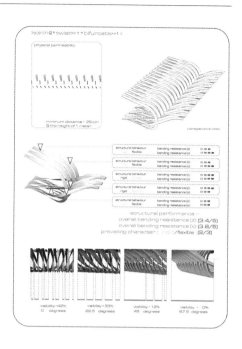

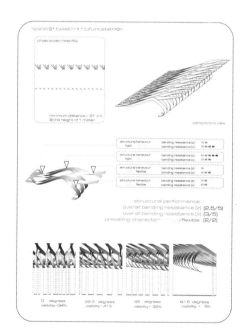

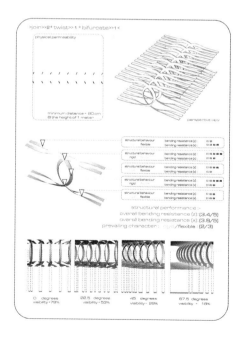

图 9.10b

基于之前的材料实验,通过条形材料的几何变形及扩展叠加产生的四个样品模型

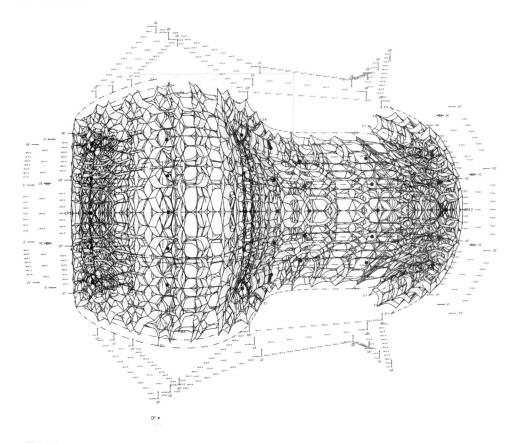

图 9.11a

带状形态，2004 年 5 月在 Michael Hensel 和 Achim Menges 的指导下，由 Daniel Coll i Capdevila 在 AA 第四研究室完成。左图：通过大量的物理实验来确定构件允许的弯曲程度，利用弯曲和扭转的金属条，由同方向和反方向的表面曲率构成一个复杂的排列。右图：由不同材料制成的可控变形的条带，组出一个互相关联与限制的模型。最上面一行显示的是由三条缎带做成的构件，以及它们与周围声光环境的关系。中间行显示的是更大范围内的条带的组成模型。最后一行显示的是把大型布局拆分成较小的区域，区域之间相互连贯并且与内部关联，来应对各种环境刺激。以这种方式，材料的边界被泛化了，不一定非要保持内部和外部的严格区分

　　无疑，诸如伊斯兰遮板墙之类的建筑元素就很好地诠释了这种方式。它们在实质物体与环境之间，也就是在能量转换的物理边界中，营造了一个微气候过渡的小环境。对于遮板墙这种复杂的改变环境表现能力，哈桑·法赛解释道：

　　它的温度与湿度调节的能力是相关联的。Mashrabīyas 遮板墙中所有的有机木材纤维可以吸收保存大量的水分，Mashrabīyas

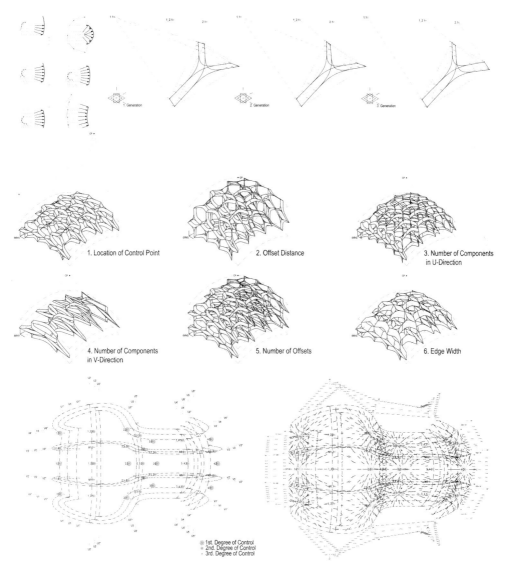

图 9.11b

　　遮板墙在夜间低温的时候，当风吹过时，木材将会吸收一定的水
分；当 Mashrabiyas 遮板墙被阳光直接加热时，木材中储存的水分
就会被释放到空气当中。Mashrabiyas 遮板墙的栏杆和缝隙有着
最佳的尺寸，以便于可以充分地和空气相接触，调节周边的微气
候。此外，Mashrabiyas 遮板墙大量的栏杆提供了与空气接触更多

的表面积和体积,这意味着它可以有更强的吸收与蒸发水分的能力,以便延长热量交换的时间。

(Fathy 1986:48-49)

针对大型建筑的组成元素或者是建筑围护结构的设计来说,如果我们不断洞察和发倔其潜力,那么建筑将会变得很有趣。David Leatherbarrow 研究了被他称之为"可呼吸墙体"的百叶窗式外墙。David Leatherbarrow 认为这种建筑元素与其所处的特定环境之间的关系是十分重要的,因为它只有位于合适的位置时才会发挥它的作用(Leatherbarrow 2009:33),此外:

建筑的组成要素是被动的——它们不会移动或者改变所处的位置。当它们的"角色模式"弥补了之前这个世界缺少的东西,它们也可以被认为是主动的。这就是说,建筑元素既是被动的又是活跃的。它们表面看似在休息,其实是在秘密地工作。关键在于在它们所扮演的角色中,已经将自己秘密地隐蔽于自然环境之中,这些建筑元素依据自己的特性,适应并改变了环境。

. (Leatherbarrow 2009:37-38)

图 9.12

复杂的砖装配研究,由 Defne Sunguroğlu Hensel 完成。细长杆件在扭转系数范围内,借助预应力与砌块砖共同形成复杂的双弧形砖装配结构。左图:细长杆件和砖砌块的实验。中图:模拟设置了细长杆件,用于引导和测量其扭转系数。右图:制成结构性的双弧形砖表面

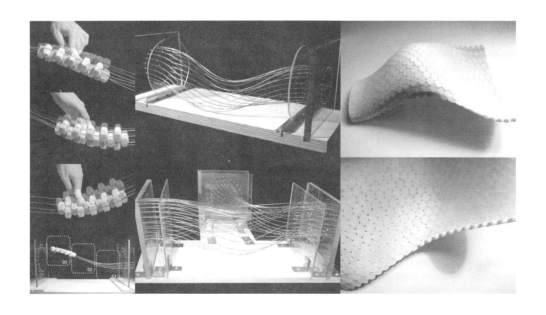

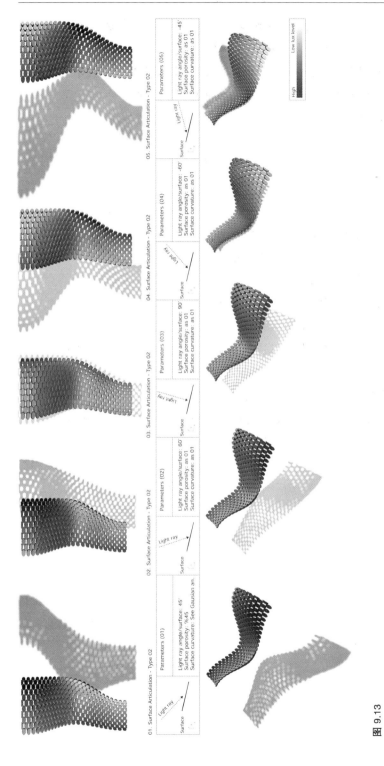

图 9.13

由 Defne Sunguroğlu 与 Sunguroğlu Hensel 完成的复杂的砖装配研究。图中显示的是，一个双曲多孔砖构件在一天当中五个不同时刻的自遮阳结构及其阴影图案

在建筑界面围合出足够的内部空间时,它深化了建筑的视觉表现力,也整合了建筑内部与外部的关系。回顾建筑史,有很多例子都可以用性能提升的视角来重新定义与审视。通过对功能性元素的匠心营造,从而形成的内部与外部的过渡空间用以在复杂的气候条件下,满足使用者多样化的使用需求。

结　论

建筑性能曾经作为一项非常重要的课题,为建筑设计拓展以及可持续性研究提供了一个综合平台。它源于一种系统性的思考模式,并且通过对主要的建筑设计元素的回应,比如人类主题、环境、空间以及材料的复杂构造等,来得出综合的最优答案。然而,以往的尝试表明,仅仅通过单一的硬件系统以及工程观点出发开展研究是不足以实现研究目的的。而应使扩展的系统化方法成为性能导向的建筑设计方法的基础,不能依靠后期设计优化的方法改善建筑的性能。同样地,发展基于关键性的概念和要素的理论与方法论也是很必要的。本章介绍了一些关于辅助性的、形式与功能分类、边界扩展及微气候调控措施等的理念。这些工作相当于是一个复杂研究计划所做的准备步骤,而全部的研究计划将依赖于广泛的设计研究及与实践的结合,这样才能认识更广泛的关联性,这将对建筑及其环境产生深远的、有益的影响。

参考文献

Ackoff, R. (1967) quoted in 'The Changing Aesthetic'. *Performance Design-Progressive Architecture*, August: 149-151.

Addington, M. and Schodek, D. (2005) *Smart Materials and Technologies for the Architecture and Design Professions*. Oxford: Architectural Press, Elsevier.

Austin, J. (1962) How to Do Things with Words. Oxford: Clarendon Press.

CIRET Le Centre International de Recherches et EtudesTransdisciplinaires (1994) *Charter of Transdisciplinarity*. Online: http://basarab. nicolescu. perso. sfr. fr/ciret/english/charten. htm

(accessed 8 September 2011).

Fathy, H. (1986) *Natural Energy and Vernacular Architecture-principles and examples with reference to hot arid climates*. Chicago, IL: The University of Chicago Press.

Giampietro, M., Mayumi, K. and Munda, G. (2006) 'Integrated assessment and energy analysis: Quality assurance in multi-criteria analysis of sustainability'. *Energy*, 1 (31): 59-86.

Giampietro, M., Mayumi, K. and Ramos-Martin, J. (2008) *Multi-scale Integrated Analysis of Societal and Ecosystem Metabolism (MUSIASEM): An Outline of Rationale and Theory*. Working Papers, Department of Applied Economics atUniversitat Autonoma of Barcelona.

Online: http://www.ecap.uab.es/RePEc/doc/wpdea0801.pdf (accesssed 8 September 2011).

Hensel, M. (2010) 'Performance-oriented Architecture-Towards a Biological Paradigm for Architectural Design and the Built Environment', *FORMAkademisk* 3 (1): 36-56. Online: www.formakademisk.org/index.php/formakademisk/issue/view/6/showToc (accessed 8 September 2011).

Hensel, M. (2011) 'Performance-oriented Architecture and the Spatial and Material Organisation Complex-Rethinking the Definition, Role and Performative Capacity of the Spatial and Material Boundaries of the Built Environment', *FORMAkademisk* 4 (1): 3-23. Online: www.formakademisk.org/index.php/formakademisk/issue/view/8/showToc (accessed 8 September 2011).

Hensel, M. and Menges, A. (2008) *Form follows Performance-Arch* +188, July.

Hensel, M. andSunguroğlu Hensel, D. (2010) 'Extended Thresholds II: The Articulated Threshold', *Turkey: At the Threshold*, *AD Architectural Design* 80 (1): 20-25.

Kolarevic, B. and Malkawi, A. (2005) *Performative Architecture: Beyond Instrumentality*. New York: Spon.

Leatherbarrow, D. (2009) *Architecture Oriented Otherwise*. New York: Princeton Architectural Press.

Leatherbarrow, D. (2011) *Architecture Oriented Otherwise*- Lecture at the Oslo School of Architecture and Design, 28 April. The theme will also be further elaborated in David Leatherbarrow's forthcoming book *Building*

Time.

Martens, P. (2006) 'Sustainability: Science or Fiction?', *Sustainability: Science, Practice & Policy* 1 (2): 36-41.

Marzluff, M., Shulenberger, E., Endlicher, W., Alberti, M., Bradley, G., Ryan, C., ZumBrunnen, C.

and Simon, U. (eds) (2008) *Urban Ecology-An International Perspective on the Interaction between Humans and Nature*. New York: Springer.

Pickering, A. (1995) *The Mangle of Practice-Time, Agency and Science*. Chicago, IL: The University of Chicago Press.

Pitt, J. C. (2000) *Thinking about Technology-Foundations of the Philosophy of Technology*. New York, London: Seven Bridges Press.

Sevaldson, B. (2009) 'Why should we and how can we make the design process more complex? - A new look at the systems approach in design', *Shaping Futures-IDE 25 Year Book*. Oslo: Oslo School of Architecture and Design, pp. 274-281.

Sevaldson, B. (2010) 'Discussions and Movements in Design Research-A Systems Approach to Practice Research in Design'. *FORMAkademisk* 3 (1): 8-35. Online: http://www. formakademisk. org/index. php/formakademisk/issue/view/6/showToc (accessed 8 September 2011).

Songel, J. M. (2010) *A Conversation with Frei Otto*. New York: Princeton Architectural Press.

10

RCAT 开展的以"性能为导向"的建筑设计研究

Michael U. Hensel

建筑与建构研究中心(RCAT)隶属于挪威奥斯陆建筑与设计学院,于 2011 年初成立。中心的一些核心研究内容在几年前就已经以研究生研讨课程的形式开始了。

开设新的研究机构的主要目的是为了加强对建构以及建筑性能方面的研究,此外还有以下几个方面的实际需求:

(1)挪威传统建筑有其独特的建造背景。挪威传统建筑形式是随着当地的气候、材料和建造方式的变化而变化的。

(2)挪威现行的法规、规范不能满足全国不同地区、不同气候条件下迥异的建筑构造形式。

(3)根据柯本气候分类法,挪威地跨多个气候区域,并且在同一区域气候也是复杂多变的。这对于研究在不同气候分区下,当地气候与建造方式的关系非常有利。通过这项研究,因地制宜地采用非标准设计和制造方式,来促进建筑的可持续发展是另一种现实的选择。

(4)经过历史沉淀的地方传统建造工艺仍然存在,可以与当代的材料科学研究(特别是木材)结合起来,通过与当今的非标准化设计和订制的建造方法相结合,来营造一个可持续发展的建筑环境。

研究中心的目标是研究以上影响因素的相互关系。研究方式包括横向和纵向相结合的方式,建立硕士、博士以及博士后的研究梯队。研究依托于奥斯陆建筑与设计学院的四个研究中心:建筑与建构研究中心(RCAT),城市规划与景观学院城市研究中心(CUS),形式、理论和历史学院的批判建筑学研究中心(OCCAS)以及艺术设计学院的设计研究中心(OCDR)。

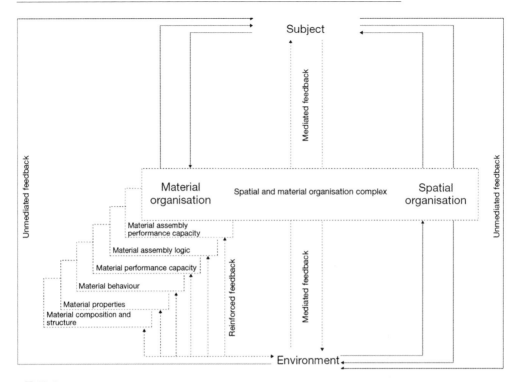

图 10.1

以建筑性能为导向的架构主要关注四个领域之间的动态相关性,即:人、环境、空间和材料组织的复杂性。为了获取一种可行材料的使用方式,在建筑设计过程中,必须认真地研究材料的使用情况。当实现了人、空间、材料、环境之间动态相关的时候,就应该以材料的视角来衡量材料的自身物理属性,以及其潜在适应环境并改变环境的能力。材料是一种表达行为的方式,这强化了材料的特性,同时也强化了材料在其形成的建筑环境中的独立变化之间的微妙反馈。图:Michael Hensel,2010

  RCAT 以建筑表现的视角,对各类传统的建造模式进行了研究,用物理实验的手段检测了各种材料的性能,通过分析不同材料的组合形式,以发现一种形式化的建筑模式以及材料自我演化的规律。

  我们通过对安东尼·高迪、弗雷·奥托、海因茨·伊斯勒等著名建筑师及其作品的研究,来汲取他们的建筑思想,并推进他们秉持的设计方式。我们开展这项研究的目的是为了在设计过程的最初,就依照材料的使用逻辑,以确保施工的可行性和可持续性。我们借助于计算机对复杂设计进行量化分析,借助于计算机模型进行材料试验模拟,这样做可以促进将来的构造细部的研究与设计。在大多数情况下,需要建立真实尺寸的数字模型来获得可靠数据,用于日后的检测验证,以便进一步发展构造材料体系、拓展工作方法和优化设计途径。

图 10.2

安东尼·高迪为 Colònia Guell 教堂设计的链式模型,现保存在巴塞罗那神圣家族博物馆。高迪为了找出一种适应教堂设计原型的结构形式而研究了多年。通过建立模型,我们可以很好地理解建筑的表现形式。模型由于自重形成自由悬挂的张拉结构,即所谓的悬挂曲线形成了最优化的、厚度均匀的压缩弧度

辅助建筑研究室

嵌套的、搭叠的形式边界的设计理念应该一直保持在我们的头脑中。

(Alexander 1964:18)

因此,对象——无论是一栋建筑、一块场地或一座城市,只要其作为一种功能性的个体存在着——不应依其外观被定义,而应通过过程中发生的实践来定义。

(Kwinter 2001:14)

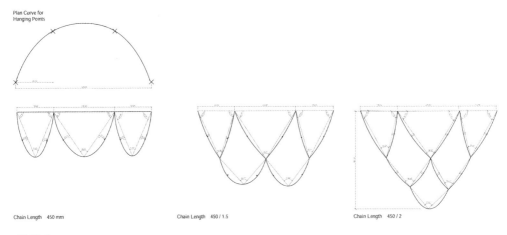

图 10.3

Defne Sunguroğlu Hensel 在 2010 年奥斯陆建筑与设计学院辅助建筑研究室创立的网链模型。这项研究侧重于利用砖拱结构模拟高迪的加泰罗尼亚模型。研究目的在于发展一种可以通过正悬基线阵列的网链式结构，以形成悬链线拱原型

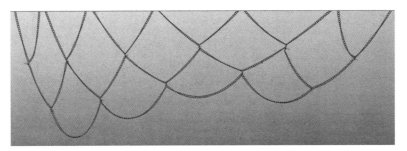

图 10.4 和 10.5

Defne Sunguroğlu Hensel 在 2010 年奥斯陆建筑与设计学院辅助建筑研究室创立的网链模型

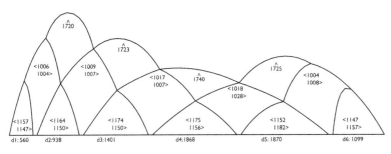

图 10.6

Defne Sunguroğlu Hensel 创立的工作小组。建立数字化模型(左上),实体建造(右上下)和测试
模型(左下)

图 10.7

Defne Sunguroğlu Hensel 在 2010 年奥斯陆建筑与设计学院辅助建筑研究室创立的工作组。建
造阶段:测试建造(左上),工作准备(左下),切割砖块(右上),最终建造(左下)

辅助建筑课程着重于研究和拓展一些与空间和时间尺度相关的建筑。它主要采用系统的方法,建立一个可选择的模型,并且区分为两个层次:

(1)第一层次辅助是指整个建筑建设过程中各项相关机构都要参与其中,例如基础设施的建设,景观的建设等。

(2)第二层次辅助是指在建筑设计与建筑工业化之间建立连接。

不管何种情况,复杂交互的自然界都需要跨学科的研究方式以及不同学科的专业知识,掌握不同学科的知识更有利于设计团队内部的沟通合作。在建筑设计的过程中,了解与掌握辅助设计的研究成果是很重要的一件事情。此外,高水平的专业背景交叉,需要具备相关的分析能力、实施研究能力以及整合优化研究方法的能力。至于第二个层次上的辅助,是指辅助创立一种可行的交互方式的能力,这对于在组织整个上下层研究梯队是十分重要的。这包括了一种从细节到整体的研究习惯,以及激发学生观点和想法来解决问题,同时摒弃了传统的"自上而下"的教学模式。

图 10.8

Defne Sunguroğlu Hensel 在 2010 年奥斯陆建筑与设计学院辅助建筑研究室创立的工作组在模型建造阶段

图 10.9 和 10.10
Defne Sunguroğlu Hensel
在 2010 年奥斯陆建筑
与设计学院辅助建筑研
究室创立的工作组，模
型建造完成

木材研究室

木材研究室与辅助建筑研究室的研究思路是一致的，但它更注重于材料的属性以及应用。我们应该寻求新的设计契机，来改变木材的一些被普遍认为不利于建筑中使用的特性。这些特性包括：不均匀材料成分、细胞分化、吸湿性和各向异性。这些特性使木材显示出可变的物理特性以及空间的不稳定性，这也是直接制约着木材是否可以作为一种合适的建筑材料使用的两个因素。

研究人员选择了特定的环境，采用从细部到整体的方式来进行材料试验。通过利用材料的可塑性以及材料尺度的可变性来组合各类材料；通过大量的材料试验、相关的计算机模型分析和材料的组合模型推敲，来建立尺度合理的技术构造原型。

为了保障必要的前期准备工作，以及满足木材的使用供应量，建构研究中心建立了完善的木材产品供应链条，包括储备木材的园区，林产加工企业等。如果需要大量的不同种类的木材，这需要花费大量的时间去种植，所以在早期阶段，进行必要的论证以及合作是十分必要的。研究中心因此建立了一个工作网络平台来满足

图 10.11

由 Michael Hensel 指导，Linn Tale Haugen 在奥斯陆建筑设计学院手工切割制作的木质毕业证书，Linn Tale Haugen 在设计中利用了胶合木材吸湿之后自然产生的形变。左图为设计后的论文封皮。中图：树木芯材的生物样本在吸湿之后形成的扭曲形态，胶合的木材需要很多层来保持稳固，经过实验发现单数层胶合木能够更长久地保持变形后的形态。右图：由于湿度加大，山毛榉胶合木材表皮发生了变化

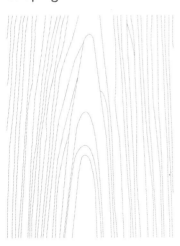
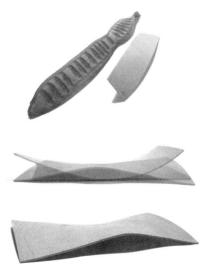
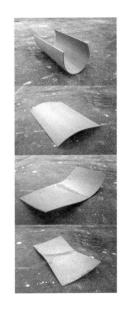

图 10.12

辅助建筑研究室的硕士生 Daniela Puga 和 Eva Johansson 深化了 Linn Tale Haugen 的想法。他们利用胶合木材不同面层吸收湿度变化的不同,形成了不同形式的建筑元素。这种方式源于传统干草棚的木瓦结构,这些木瓦上的弯曲结构便于木材吸湿,保证了谷仓内良好的通风

这项要求,平台由挪威相关专业学院以及知名木材专家所组成,并由挪威农业部以及涵盖了挪威全部林木产业链的 Trefokus 信息交流公司支持。

图 10.13

木材工作室 2010 年的研究方向是将一些薄木片连接在一起,这种结构在之前的结构体系中较少采用。我们基于木材随湿度变化而产生形变的特性完成了这项研究。硕士生 Wing Yi Hui 与 Lap Ming Wong 用 0.75 毫米的松树皮木片建造出了一个小型帐篷。帐篷具有曲面的几何外形和多重的结构网格,从而增加了它的构造连接力

生物系统分析

鉴于实际存在的风险,生物和建筑之间的关系急需明确,环境问题从未像当今这样威胁着我们的生活。实际上,环境问题是一个生物学的问题。

(Otto 1971:7)

一些物体诸如翅膀、羽毛、组织、细胞、细胞器、基因等,它们的名称含蓄地体现了它们的功能。也就是它们在一个复杂的生态系统中的存在的意义。

(Brandon and Rosenberg 2000:148-149)

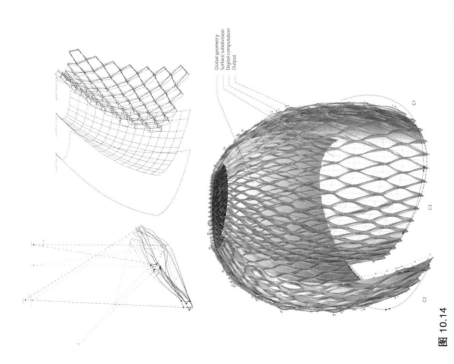

图 10.14

木材工作室的一个典型案例，硕士生 Wing Yi Hui 和 Lap Ming Wong 采用的"从细节到整体（Cbottom-up）"的材料实验方法，即从单一木材到复杂构件。这为计算机模型提供了丰富的信息，这非常有利于设计过程计算分析及模型建造

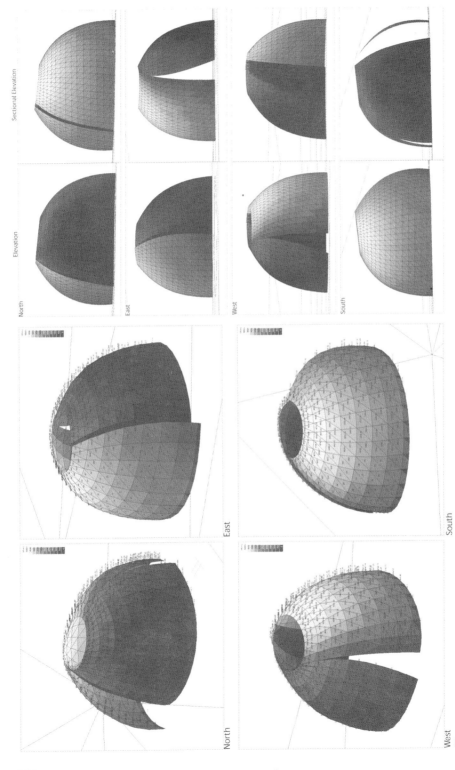

图 10.15

由硕士生 Wing Yi Hui 和 Lap Ming Wong 完成的环境性能分析，这是关系到最终方案整合的关键内容

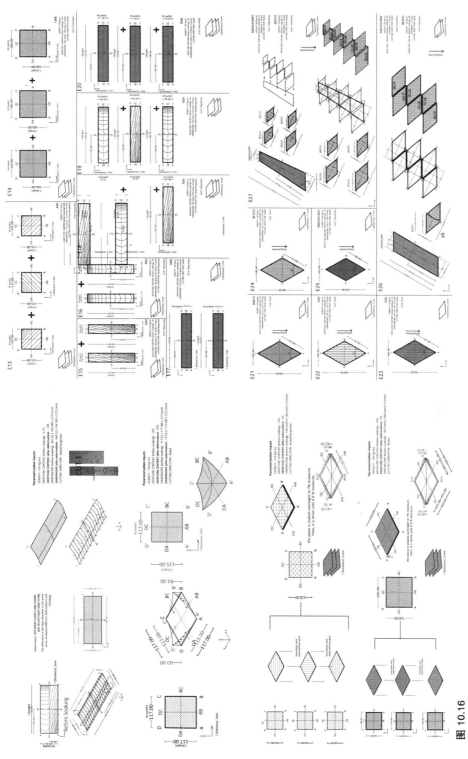

图 10.16

木材研究室 2011 级硕士生 Rallou Tzormpatzaki 和 Ignacio Hodali 致力于将两种方法结合：响应性木材元素（Linn Tale Haugen, Daniela Puga, Eva Johansson）
与薄胶合木网格结构（Wing Yi Hui and Lap Ming Wong）。为了在规定时间内完成这项任务，需要进行大量的实验和系统性分析

图 10.17

部分足尺模型,由木材
研究室 2011 级硕士生
Rallou   Tzormpatzaki
和 Juan Ignacio Hodali
制作

生物系统分析课程侧重研究有机体与其所处特定环境之间的复杂关系以及有机体在不同生理过程中的形态表现。设置这门课程的目的在于教授学生关注更复杂的形式以及它们的交互关系。这与传统的培养建筑师和设计者的教学方式不同,设置这种课程有两个方面的核心问题:

(1)从生命系统中能学到什么?(这是一个成熟的领域,联系了生物学、仿生学和所谓的仿生设计学)。

(2)作为一个特定的自然学科,从生物学中能学到什么?(尽管目前的研究热点是生命系统,但这却是个不具有普遍性的问题。)

这门课的目标是通过研究更为复杂的生态模型,以此来拓展辅助建筑设计。这表明,我们可以以这种方式来追踪相关领域的研究方向和发现,并助推和提升相邻领域的研究。

展　望

RCAT 正处于起步阶段,一些令人兴奋的企划方案还处于酝酿之中。这包括:由 Marius 教授、一些教学研究机构以及一些工业企业所发起的小建筑计划,这项计划充分地利用了挪威的建筑法规,即允许建立未经规划许可的 15 平方米的临时建筑。这项计划的目的在于:通过在不同的气候区域设计与建造一些小的房屋,来研究建筑的气候适应性。一些相关专业的科研院校参与了这些房屋的设计与建造,通过这些学校的教学推广,保证了可以将这些研究成果应用于实际的建筑之中。这种采用实际全尺寸建造建筑的方式,可以获取可靠的建筑数据。同时,学生可以通过实际操作来获得实际工程的知识及建造技能,这就是 RCAT 的核心目标。

参考文献

Alexander, C. (1964) *Notes on the Synthesis of Form*. Cambridge, MA: Harvard University Press.

Brandon, R. and Rosenberg, A. (2000) *Philosophy of Biology*. *Philosophy of Science Today*. Oxford: Oxford University Press, 147-180.

Hensel, M. (2010) 'Performance—oriented Architecture-Towards a Biological Paradigm for Architectural Design and the Built Environment', *FORMAkademisk* 3 (1): 36-56. Online: www. formakademisk. org/index. php/formakademisk/issue/view/6/showToc (accessed 8 Sepember 2011).

Hensel, M. (2011) 'Performance—oriented Architecture and the Spatial and Material Organisation Complex-Rethinking the Definition, Role and Performative Capacity of the Spatial and Material Boundaries of the Built Environment', *FORMAkademisk* 4 (1): 3-23. Online: www. formakademisk. org/index. php/formakademisk/issue/view/8/showToc (accessed 8 September 2011).

Kwinter，S.（2001）*Architectures of Time*. Cambridge，MA：MIT Press.

Otto，F.（1971）*IL3 Biology and Building Part* 1. Stuttgart：University of
Stuttgart.

11

生物学对建筑师的启示

Julian Vincent

生物灭绝往往和地质灾害联系在一起。这主要是由外部因素和内部因素共同导致的,外部因素如在墨西哥流星产生的希克苏鲁伯陨石坑,使得白垩第三纪(K－T)时期结束(Schulte 等 2010)以及包括恐龙在内的 95％的地球生命的灭绝;内部因素如德干火山喷发,流出的熔岩很可能加剧了白垩第三纪的生物灭绝。在最近的一段时期,气候的变化与欧洲人口的显著停滞有着密切的联系(Buentgen 等 2011)。从这些变化可以得知,生物的生命形式表现出了极大的生存天赋。动物的巢穴成为抵御外部环境变化的避难所(Hansell 2005)。巢穴的天然结构能适应当地条件并且增加生物的存活率。在某些方面,同样的情况也发生在现存的植物样本中,虽然植物大都不能建立防护结构(植物配子除外),但是它们可以改变自身的形状以适应当地的条件,从而延长寿命(Mattheck 1998)。因此要从专业的角度看待动物和植物的结构,领悟更多克服生存问题的方法。在大多数情况下,解决这些问题的办法与整体的生态系统有关而与独立的个体联系较少。但存在一个难点:对于给定的问题,不难给出一个可行的答案。然而,对于给定的答案(如有机体)很难确定问题是什么! 生物学家们善于解决这种问题,但设计师和工程师并不擅长。因此设计师和工程师需要拥有解读生物的能力。

误　解

生物学和建筑设计之间的相互联系有着悠久的历史。早期,大部分的设计是装饰性的,这种设计是模仿生物形态的或动物形态的(Aldersey-Williams 2003)。尽管这样的设计很有吸引力但是缺少功能层面的优化。生物形态主义也存在误导性的错误。例如,Paxton 将百合王莲树叶运用在水晶宫波纹屋顶的设计中就是错误的。在 19 世纪初,身为园艺记者和革命者的 John Claudius Loudon 发明了此类屋顶(Colquhoun 2004)。当太阳高度较低时,特别是在清晨和傍晚,这种"垄沟"玻璃结构能使光和热增加到最大限度。这很可能是受 Paxton 在设计楼顶中央拱形端壁时使用了王莲树叶(1849 年,他在自己的温室中种植过该植物)的启发(图 11.1)。作为一个建筑元素,它并没有出现在 Paxton 著名素描原稿上,因此水晶宫虽然具有生物形态的元素,但算不上是仿生学作品。

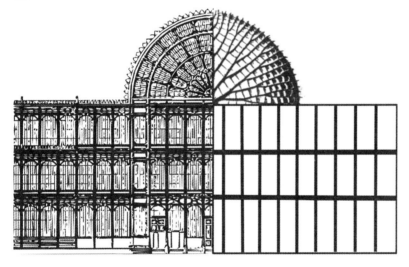

图 11.1

帕克斯顿水晶宫侧视图 (1851)显示了半圆图案的灵感源于王莲树叶

类似的情况也发生在埃菲尔铁塔的设计上。原始的设计是由 Maurice Koechlin 和 Emile Nougire 两名负责初步计算的工程师提出的,该设计没有基于任何生物学理论。立柱的曲率是根据最小空气阻力计算得出的(Anon 2010)。有趣的是这个设计与位于人类股骨头中骨小梁(小的骨支持结构)的排布极其相似。尽管采用这种设计形式的原因并不清晰,但是埃菲尔铁塔的层次感很有趣味性(Lakes 1993)。塔体的部分构件是在工地外的工厂制作完成的,长度为 5 米,这给运输带来了很大的不便。人工费使得多级结构造价昂贵,但这种结构对材料的利用率比常规情况下要高出约十倍,所以这种结构将来也许会被普遍应用,因为未来可用的建筑材料逐渐减少且相关费用会持续增长(Lakes 1993)。

生物起源

　　本章内容涉及关于源自生物学研究的建筑功能性设计概念的实施。期望使我们的生存空间更具可持续性,同时对周围的环境产生最小的影响,尽管我们所生活的这个世界的环境与空间是有限的,人类也是脆弱的——但至少我们仍拥有生存的条件。

　　由于生物学现象属于生态系统中的一部分,所以任何仿生实践必须考虑与生态系统中相关因素的相互作用。在生物学范例中,当一种植物或动物被引入到一个新的环境中时,不仅会发生自身改变还会引起周围环境的变化。对于生态入侵的新物种来说,其结果往往是极具破坏性的,因为它们在新栖息地没有天敌,可以不受限制地利用资源。理想情况下,生物系统处于持续变化的状态,同时保持某种动态平衡。巢穴的建立、拆除或是抛弃,都是对当地条件的反馈。这种反馈可能是一种重要的媒介。有机体是如何来判断这种改变是必要的呢?行为触发的原因又是什么呢?对动物行为的研究显示一些动物在应对周围环境改变时,往往采用非常简单的规则,这些实践都会导致微妙而深层的结论。

　　(1)海狸的巢穴搭建在湖心,但很多海狸会到陆地上活动。它们对地形地貌的影响仅次于人类(Butler 1995)。海狸需要保护自己的生存空间,这直接刺激了新沼泽地区幼苗的增长。在池塘里沉积的泥沙最终形成了肥沃的牧场,减少了湖水中的沉积物,从而净化了下游水源。因此海狸的存在对于改善局部生态环境是有利的。活水的声音吸引着海狸,这成为它们主要行为的线索。在一定范围内,湖水的噪声越大,海狸就会试图通过构建或修补它们的大坝来阻隔声源降低噪声。它们通过最有效的工作来修筑池塘。

　　(2)罗盘白蚁修建的巢穴符合太阳东升西落的规律,即使在最狭窄的地方,蚁穴也同样能获得白天太阳的热量。蚁穴的形状和朝向是由简单的规则决定的,其规则是能最有利地使巢穴变得温暖。这样巢穴能以最快的速度升到更高的温度。

（3）我们对英国巴斯地区的鸟巢在风洞中进行了测试。测试中，在每个鸟巢中放置一支温度计和一个加热元件，并测量当鸟巢沿其纵轴旋转时为保持巢内温度在 40 ℃时所需要的电压数据。当通道的风向位于鸟巢的西南象限时，电压最小即意味着隔热性最好（图 11.2）。因此，巴斯地区的主导风向为西南风，很明显鸟巢能最大限度地抵御这个方向的风。因此，可以想象当鸟巢中的鸟感觉冷时，会重新布置鸟巢的材料，直到把它变舒适为止。

此上三个例子显示：环境是引起简单行为反馈机制的直接原因。

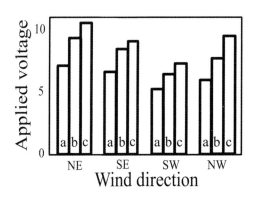

图 11.2
位于西南方向的鸽子巢热损失最小。测试风速是 a 为 3 m/s，b 为 5 m/s 和 c 为 7 m/s。外加电压是用来保持鸟巢内部温度在 40 ℃

蟋蟀能采用自己独特的方法来测量它的居所的性能，并据此将它的居所修建成一种喇叭形的洞穴隧道（图 11.3），有利于传播它在隧道中发出的求偶鸣叫声（Bailey 等 2001）。也就是说，隧道的尺寸必须与蟋蟀自身体量相适应，也须与它的声音频率相适应。蟋蟀开始先筑一个小的简陋隧道，然后它通过反复鸣叫测试，逐渐扩大隧道，直到隧道的声音阻抗没有问题。这与紧握一根长杆在手里摇动获得共振频率的原理是类似的。蟋蟀的这种反馈机制是与生俱来的。

这些动物巢穴结构显示了其他优势：它们往往由当地原始材料就近制作而成。身体的分泌物自然成为一个重要的组成成分（例如石蚕幼虫）。这是持续不断的再生循环，它们确保材料在动态和自适应结构中得到更好的利用。

图 11.3
蝼蛄鸣叫穴的剖面图。
圆锥形的洞口就像一个
扬声器的喇叭。Ben-
nett-Clark(1987)

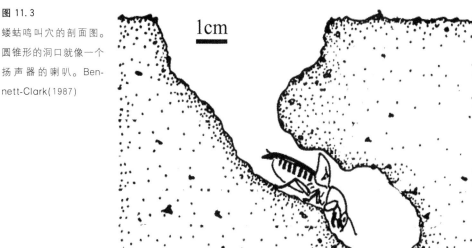

虽然植物的结构不容易迅速或彻底地发生变化,但是它们同样有一些有趣的和相对简单的机制。因此对于相对的静态结构而言,例如建筑设计,它们可以作为更好的研究模型。树(可能所有植物)能够均分作用于其上的应力,以避免局部发生断裂(Mattheck 2004)。如果植物感知到某处局部应力较大,它会自动地输送物质过去,从而降低其应力。这与我们的设计恰巧相反,高应力会加速腐蚀率,这会导致灾难的发生。

运用 TRIZ 分析

我们一直努力把一些理性分析加入到仿生学中,而不是把它当作案例分析的集合。TRIZ 是一个富有创造力的解决问题的俄罗斯式系统论。这个系统论是 Genrich Altshuller 提出并发展起来的,它在很大程度上基于黑格尔的哲学,这是俄罗斯人在学校里学习的一种哲学。TRIZ 是一种技术采集理论,它鼓励客观、仔细地分析问题,用尽可能广泛的资源来编码例子。这种方法非常适合解决系统化的问题,即研究对象不能轻易从他们的环境中分离出来的一系列问题,因此,该方法特别适合于生物学和建筑学。在TRIZ 中有一种运算法则,即选择一个变化的过程来解决当前的问题。转换的列表应该是详尽的,它来自于数量庞大的优秀案例,并被划分为 40 个创造性的原则。这个列表也是最佳技术实践的纲要。因为 TRIZ 能专门针对这类系统,也包含生物学系统,因此它可以把地球上所有生命的生存机制抽象提取出来。在有限的地球上这些机制显然是可持续的,因此在这个形式下的仿生学可以为技术文化的生存提供范例。因为自然选择提供了控制品质的手段,这种抽象的生物学理论也同样是一个最佳的技术实践手段,所以在这个层面上对生物学和技术进行比较可以真正地为可持续技术提供构想。这样的比较需要大量的信息数据,简化的途径是将问题的过程大致分为六个操作范畴:物质、结构、能量、空间、时间和信息(Vincent 等 2006)。图 11.4 示出按这个思路解决问题的范例,这是从 2 500 个生物学案例及 5 000 个技术案例总结出来的,尺度范围包含了从分子级别到生物群落规模。这个例子表明,生物能源在整个尺寸范围内是一个最不重要的控制参数,然而技术所解决的涉及一般性的材料处理(包含微米级)的问题中,有 70%都是使用能源作为控制参数。

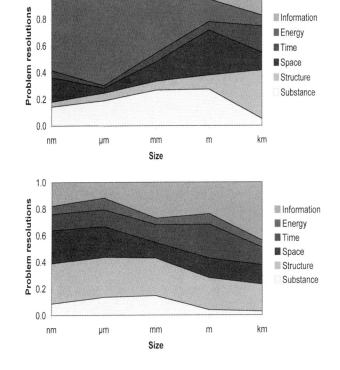

图 11.4

图示的是运用以上操作手段解决问题的比例,以及如何改变相关研究对象的尺寸、技术与生物学比较的问题。来自 Vincent 等(2006)

与此同时,生物学使用信息(在 DNA 分子水平上派生的)和结构作为其主要的控制依据。在建筑物的尺度范围内(大约 10 到 100 米),技术不完全依赖于能源来解决它的问题,而是依赖于其所需要的空间。相比之下,生物学需要更多的信息而不是更多的空间,来给出一个令人满意的解决方案。虽然大多数工程师不会欣然承认,但是仿生学提出了新趋向,远非一个杂七杂八的技术合并,亦非当前工程范式的理念整合,而是工程实施的一个新挑战。仿生学在很多方面对建筑工程的未来有所启示,尤其是在它极度依赖能源与消耗方面。这是一个模糊的定性过程,但是运用 TRIZ 分析可以把该过程数字差异化。

仿生设计原则

我们可以仔细分析生物学的详细设计与解决方案。TRIZ 将设计问题转化为有 1 500 种不同因子的矩阵,把四个富有创造性的影响因子分配到每个设计问题中,产生一个庞大且复杂的解决方案数据库。这些信息会以大量高质量的专利发明的形式被采集出来。这个描述过程也适用于生物学案例,换句话说,生命形式可以被视为一种专利数据库。最近的研究表明,有八个生物学原理可被用来解决特定的建筑设计问题,这可以当作仿生技术与设计契合的开端。此处提及这些,只是为了说明这些原理是确实可用的。值得注意的是,这些研究并没有说明具体如何应用这些原则的细节。这应该是另外一个课题,而且需要在具体的设计工作中进行讨论才有意义,而不是仅讨论生物学原理。

结构与概念

分裂:将一个对象分割成各自独立的部分,使其能够被拆除,或者能够进一步增加分裂、分割的程度。

本地质量:更改一个对象的结构、环境或外部影响(影响从均匀到不均匀);允许一个对象的各部分功能在最适合它的条件下进行操作,允许一个对象的每个部分履行不同的或互补的有用功能。

中介物：使用过渡载体或中间过程，是暂时的合并对象。

合并：把空间里相同或相似的对象做相似或相近操作；使它们连续或同时工作。

层次：将一个或多个对象放入另一个对象中，从较小的对象中选出一个大的。

信息

反馈意见：引入反馈信息用以改善过程行为，改变其规模、符号（ ＋ 或 － ）或制约操作条件的影响。

能源

事先反作用：当必须执行一个既有负面影响又有正面影响的行为时，应该采用被替换为反向行为的方式来控制负面影响；已知预应力与不良应力是相反的。

空间

另一重维度：拓展到一个额外的维度，从一维到二维，从二维到三维等，增加层级数量；倾斜一个对象，把它放在一侧，使用它的另一侧；用光打到附近的平面上或用光打到给定方块的另一侧。

不对称：更改一个对象的形状或属性从对称到不对称，或者去适应外部不对称（例如人体工程学的特点），或者增加程度的不对称性。

仿生设计的实施

首先，仿生学是基于经典生物学与技术的一门学科，并使用了与其几近相同的时间和物质的设计参数。

以上提到的这些准则提供了一套来自生物学的设计策略。但这些真的有效吗？出于验证的目的，我们要对"有效性"进行定义。这可能更容易，因为生物学模型自身已得到认可。因此有效性可以被定义为不使环境退化，最好是能改善环境。但因影响因素众多，环境会一直处于动态变化中，使仿生设计在短期内有可能不被认为是有利的。海狸的生态学影响是一个很好的例子,短期内该动物引起的环境变化有一定的争议,但其长期的结果是积极的,它导致了生态多样性和纯净水的增加。

这些设计策略以及其他 32 个 TRIZ 原则的运用效果需要检验,对于哪些建筑设计策略是属于仿生范畴的也需要给出判断,这些工作并不是一个简单的任务,但会产生一个客观的分析结果。这将会为仿生或可持续建筑的研究和发展提供一定的基础。我希望最终能得出同样的最重要的八项原则!

一些完美的结构体现了这些原则,特别是 Sagrada Familia,这充分体现在教堂中殿不对称的圆柱,这一结构考虑到本地负载效应,他们都是依据从屋顶零散预计力分布设计的。埃菲尔铁塔是层次结构转换的一个例子(Lakes 1993)。在中国和日本的抗震建筑,其结构体系也是分散和有层次的,层次间允许轻微的位移运动,多层次的结构是主要的抵抗运动的基础。在建筑物稳定性和维护性上反馈信息是另一个明显的因素,例如,通过改变建筑物内的大型负载的权重分配,从而改变负载传递路径,这样,结合预加应力,可以提供另一种更加灵活的防御地震的建筑。成套预制的工业化建筑构件可以方便地在现场进行组装,如建筑师皮亚诺设计的 IBM 大楼等一些建筑就是利用了这种方式的简便性。

Salmaan Craig(Craig 等 2008)是少数应用 TRIZ 系统进行设计的人之一。他使用了早期我们称为 BioTRIZ((Vincent 等 2006)的系统,该系统是 Altshuller's 的矛盾矩阵理论的缩减版,它依据源于生物学的解决方案,加入到 40 个普通的创作原理中。Craig 解决的问题是,白天建筑物在炎热的地区积累热量的问题。如果建筑物是绝缘的,可以减少热量的增加,但同时也阻止了建筑向夜空释放热量。传统的解决方法将会是安装一个空调。但是,这样的成本较高而且会消耗大量的能源,并需要日常维护。仿生设计的观点是希望采用被动式方案来解决问题。可能解决方式是设置隔热层,白天时将热量阻隔在室外,夜晚时还可继续通过辐射的方式散热。这个想法最终是通过一个隔热构造来实现的,如图 11.5 所示,混凝土贮存的热量在夜间以长波辐射的形式散发到室外环境。

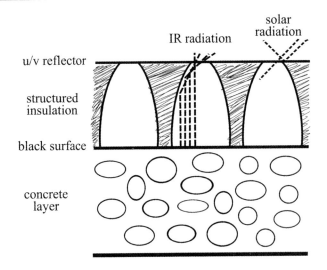

图 11.5
屋顶剖面。Craig 设计
的隔热构造（第二代）。
夜间，混凝土可以通过
抛物线形孔向外散热；
白天，太阳辐射却不易
通过这些孔直接照射到
混凝土

在沙特阿拉伯的利雅得，这样的构造可以使屋顶的温度降低，与室外环境温度相比，最大降幅可达 13 ℃，全天平均降幅为 4.5 ℃。重要的是这种仿生的解决方案并没有天然原型，所以不可能在一个生物学或者类似的原理里找到它。这就是 TRIZ 方法的魅力所在，它使用的仿生方法不受生物学的限制。这种方法之所以成功，是因为 TRIZ 将功能从相关的结构中剥离出来的思维方式。因此，在设计概念不被限制的情况下，可以让结构进行无限制的发散。这种对功能的单纯强调是解决问题的关键。

TRIZ 可以灵活使用，通过仿生学必然能够完成一个完整系统整体的设计——毕竟，这是生物学的基本层。其他因素的影响如结构材料、能源、供水和废物控制也必然予以充分考虑。

生物材料是由极少的基本组分构成的，但也能像人造材料一样去看待（Vincent 2008）。材料的核心秘密在于其独特的组合结构（从毫米开始在所有尺寸水平上升）和构造质量。材料只放置在需要的地方，不同的材料（如陶瓷）按需要有节制地使用。因此，这样做避免了在较轻便的结构中出现重力集中的现象，而且这样使得建筑和维护成本都降低了。

如果我们局限在当前的技术下，能源消耗将是一个战略性的问题。在生物学中以淀粉或糖原的形式储存能量，多糖本质上是惰性的，但也能通过化学反应将其消耗掉。我们主要依靠电力技术来存储能源，这基本上是短期储存的。如果能在更稳定的介质中储存能量也许是更好的选择。利用水在不同高度的势能差来贮存能量是一种传统且容易实现的方式。符合生态学的一种做法是，可以在高处植树使降雨量增加，以解决上游的水量问题。

生物圈始终在特定的温度及环境下进行着基本的化学反应，这并不是一种浪费。这些中间过程有利于生态循环，但是这种自然形成的系统却很难被设计出来，因此我们应该正确地使用自然资源。

气候变化和其他环境问题引发了许多关于可持续发展的争论，问题的解决不能仅依赖于技术的进步（事实上我们已经拥有了解决问题的全部技术），而需要我们在心灵上和思维上做出转变。因此，也许人类学和建筑学能提供最佳的解决方案。

大多数建筑师既希望青史留名，又希望能以某种方式切实改善人们的生活。面对当前的气候问题，第一个被攻击的问题是"建筑师如何确信，真的会有这样一个建筑杰作，能使人们欣赏它，甚至为之感叹吗？"有一点一定要记住，那就是"一颗红心，两手准备，抱最好的希望，做最坏的打算"。进步是由"性能"来评价的，而非"希望"。一定要重视这些警告和潜在的解决方案，如果我们希望避免被灭绝——无论因何导致——我们应该对人性有信心，并同时提升技术。

参考文献

Aldersey－Williams，H.（2003）*Zoomorphic：New Animal Architecture*，London：Lawrence King Publishing.

Anon（2010）*Origins and Construction of theEiffel Tower*. Online http://www.tour－eiffel.com/everything－about－the－tower/themed－files/69（accessed 8 September 2011）.

Bailey，W. J.，Bennet－Clark，H. C. and Fletcher，N. H.（2001）'Acoustic of a small Australian Burrow Cricket：The Control of Low－frequency Pure－tone Songs'，*Journal of Experimental Biology* 204：2827-2841.

Bennet－Clark，H. C.（1987）'The Tuned Singing Burrow of Mole Crickets'，*Journal of Experimental Biology* 128：383-409.

Buentgen，U.，Tegel，W.，Nicolussi，K.，McCormick，M.，Frank，D.，Troet，V.，Kaplan，J. O.，Herzig，F.，Heusser，K. U.，Wanner，

H., Luterbacher, J. and Esper, J. (2011) '2500 Years of European Climate Variablity and Human Susceptability', *Science* 331: 578-582.

Butler, D. R. (1995) *Zoogeomorphology: Animals as Geomorphic Agents*, Cambridge: Cambridge University Press.

Colquhoun, K. (2004) *A Thing in Disguise-The Visionary Life of Joseph Paxton*, London: Harper Perennial.

Craig, S., Harrison, D., Cripps, A. and Knott, D. (2008) 'BioTRIZ Suggests Radiative Cooling of Buildings can be done Passively by Changing the Structure of Roof Insulation to let Long—wave Infrared Pass', *Journal of Bionic Engineering* 5: 55-66.

Hansell, M. H. (2005) *Animal Architecture*, Oxford: Oxford University Press.

Lakes, R. S. (1993) 'Materials with Structural Hierarchy', *Nature* 361: 511-515.

Mattheck, C. (1998) *Design in Nature-Learning from Trees*, Heidelberg: Springer.

Mattheck, C. (2004) The Face of Failure in Nature and Engineering, Karlsruhe: ForschungsZentrum.

Schulte, P., Alegret, L. et al. (2010) 'The Chicxulub Asteroid Impact and Mass Extinction at the Cretaceous-Paleogene Boundary', *Science* 327: 1214-1218.

Vincent, J. F. V. (2008) 'Biomimetic Materials', *Journal of Materials Research* 23: 3140-3147.

Vincent, J. F. V., Bogatyreva, O. A., Bogatyreva, N. R., Bowyer, A. and Pahl, A. —K. (2006) 'Biomimetics-Its Practice and Theory', *Journal of the Royal Society Interface* 3: 471-482.

12

具有关联性的几个设计项目

Siv Stangeland and Reinhard Kropf

本章介绍把实验融入设计的具体方法，并介绍了三个案例项目：2010 年上海世博会的挪威馆、布道岩旅馆和伦敦拉塔托斯克亭子。这些项目不是要表达某种共性的建筑设计理论，而是要说明它们都强调生产和制造过程的重要性，具体体现在将理论贯彻到复杂的任务中去。总体的意图是为了避免一个纯粹的"神创设计论"，内容或形式不要一次性强加于设计或环境中，而是需要在过程中不断深入，并遵照设计的环境条件。设计的理念或原则是要确保与当地既有条件的交互的发生，如材料或能源条件、特定的人力资源和背景等。这种理念将贯穿于整个设计过程和实验过程中，这有助于触发本土的、令人印象深刻的、独特的、原创的空间生成设计灵感。这并不意味着这些工作仅仅是"自下而上"设计模式的延伸。相反，是要集合不同层次要素，使它们与环境之间形成一种更密切的集成关系。

集成层级

首先介绍一下 Francois Jacob(Jacob 1974)创立的自然界系统的控制论模型，这对理解本章内容是有帮助的。Francois Jacob 的模型描述了不同的层级要素是如何结合在一起的，"集成层级"的内部组成部分之间是相互关联的，如从分子到细胞，到组织和器官，再到种属。每个层级都有其自身的特征和定律，因此不同的层级需要不同的观察和研究手段。对信息系统的研究是必需的，一方面要探索不同层级之间的关系；另一方面要探索层级与其所处环境之间的关系。相邻层级的联系会增加系统的复杂性，也会增加与环境之间交互的途径。从进化论的观点看,这应算作一种进步,因为感知和反应能力均会得到提升。

这个模型在本章介绍的这三个项目的设计过程中起到了重要作用。设计的一般性意图都是要创造适宜的条件,尽可能地促进各层级之间或者层级与环境之间交互,这种做法将会影响、促进设计过程,甚至可算作设计工作的一部分。设计的第一层级与背景及一些先天条件相关,它形成了一个空间的、结构上的及纲要性的集合体。这一层级以中等尺度进行设计,既不是一个大尺度,也不是一个小材料单元的集合。在这种方式下,它的结构同时受到自上而下以及自下而上发展的影响。它由或多或少的几个类似的部分组成,这些部分的结合既相互关联又并非直观的。根据设计进程来选择"组件"及"内部结合关系",这有利于同时处理多个变化并保持整体的稳健性。在这三个项目中,挪威世博馆描述的"树",拉塔托斯克亭子隐喻的"白蜡树"和布道岩旅馆暗示的"木肋骨"形成第一个层级。首先,"树""白蜡树"和"肋骨"的数量、形状和内部关系就是不固定的,在整个设计过程中,受到自上而下或自下而上的影响而在变化着。

接下来,进一步的内部关联集成和设计继续展开。每个个体层级都反复地与上下关联的设计层级进行反馈,同时提取自身的相关信息。对每个层级来讲,一些隐含的物质条件都可能是不同的,如加工过程、内部结合力及应力耐受性等。一个重要的问题是集成层级的这些物质条件对整个项目的影响程度,是否有其他额外的影响元素。世博会的"树"本应表征整个展馆。然而,将商业中心、既定的展览需求和表皮集成在一起是不可能的。作为额外的元素,它们成为设计的薄弱环节。为了弥补这个遗漏,必须实施更多的自上而下的设计和耗时的妥协折中工作。除了内部关系外,每个集成层级也都与其所处的环境之间存在联系。最重要的设计任务在于要在每层级形成正确的问题,并使用实证调查来说明环境中空间生成的潜力。理清每一层级的特定关系以及人类行为、物质、能量与环境因素之间的交互,这与讲述一个拖沓冗长的神话故事很相似。但正是这种重复的层级集成尝试、对梳理多层次的空间环境存在的多种可能性的努力,以及数字和模拟模型的使用,才显著地推动了设计向前发展。

事件序列

　　这些实验不一定明确地发生在项目设计周期内,它们是多时相的积累集成。在每个项目及其每个集成等级中,可以重新排列设计顺序或绕过常规设计步骤,也可建立全新的过程模式。重要的是改变传统设计时序的常规做法,如构思草图、初步草案、工作计划和执行。这非时序的创作过程,能获得意想不到的空间设计方案,如拉塔托斯克亭子这个项目。在项目的最初我们通过对白蜡树枝干叶脉的形态进行扫描,获得了一系列数字化的数据,这些信息在我们对方案进一步深化的过程中起到了至关重要的作用。由于这一系列的实验尝试,我们推翻了草图阶段的设计概念。同样地,世博会展览馆的初步方案是在考虑后续利用的理念上形成的。

不同元素间的整合

　　项目需求及环境条件所涉及的用途、施工、构造技术和材料性质等,都需要被明确和测试,以判断它们是否可以相互结合和形成关联。这不仅仅意味着用途和功能的多样化,减少资源消耗,而且它还提供了一种更丰富的空间体验。空间变化和布局规划的融合,能唤起浓郁的氛围并吸引所有的感官。在上海世博会展馆中,表皮(薄膜屋顶)、施工、展览和基础设施被合并成一棵"树",创造了一个既简单又复杂的结构。这是不同领域知识协同的结果。在项目中需要建立一个有效的交流平台,允许不同学科的积极参与。而所面临的挑战是"翻译工作",即要将环境相关信息一步一步地转译,并实施于空间设计中。当我们处理拉塔托斯克亭子的树木的时候,我们徜徉于北欧神话、树木学、数字技术和行为研究等领域中,也一直努力试图把其中的发现和树木联系在一起。

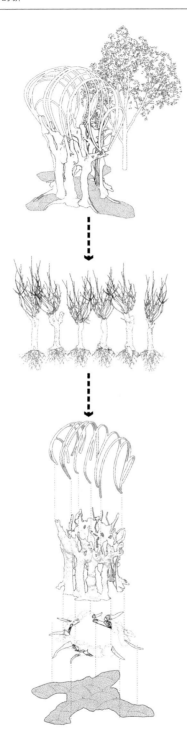

图 12.1

拉塔托斯克亭子：物质
变换的序列

作为一种非均质材料的木材

在我们所有的项目中,选择木材作为主要结构材料,不仅仅是基于其生态优势,还因为它是一种有机材料。正如 Manuel De Landa 所说,与钢或混凝土不同,木材作为一种非均质材料,具有富于变化的性质特点。设计师必须承认并尊重这些特点,并要在设计过程中充分利用,遵循其自然属性但又不能过于程式化(De Landa 2001)。以下三个项目的设计过程充分说明了如何在具体的案例中利用木材的这种固有特性。在每个项目中,木材的不均匀性得到充分的保持和利用。木材的纤维方向决定它的加工和装配方式。在拉塔托斯克展馆中,我们更进一步地把数字技术运用于扫描和分析每棵树的特征,并进一步深入剖析其形成过程,创造出了复杂的、异构的形状。尽管使用了高科技工具,这也并非一个新方法:斯德哥尔摩的瓦萨博物馆就曾经展出过 16 世纪的图纸,描绘的是高度熟练的造船者常常寻找与他们需要建造船只的形状相匹配的树木。

拉塔托斯克亭子

我们小时候在喜欢的树丛中玩耍的方式成为构思这个项目方案的起点。通过游戏来创建空间与进行游戏是没有区别的。这就提出了一个问题:我们如何把玩耍、反思和实验这样的现实活动以嵌套式的方式紧密结合起来。在 Michael Serres 的 *The Five Senses* 这本书中,他提出了一种新的人类感知拓扑学,其结合了经验性的与科学性的研究方法。他没有返回到农耕时代,而是提出需要创建一种新的哲学,这种哲学应包括身体经验、艺术和科学等方面。为了实现这一目标,相关的研究和实验必须扩展。这必须采用一种协同的、非简化且专门化的方法,引导我们形成一种实证式的设计模式:搜索和选择不同的树木,数字化处理(3D 扫描、三维造型、数控切割),最后组装并综合成一个新的整体。

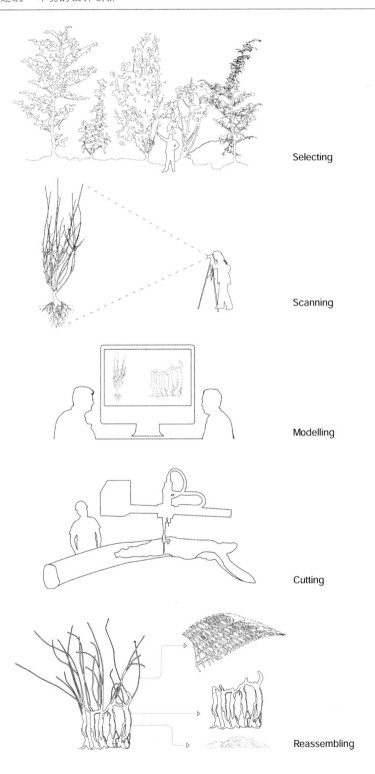

图 12.2
拉塔托斯克亭子：序列
的物质变换

Selecting

Scanning

Modelling

Cutting

Reassembling

挪威木材研究所在选择合适树种方面,给予我们很大的帮助。最终,我们选择了斯特兰德森林中的灌木白蜡树。它们的外观特征鲜明:短粗的树干和大量的树枝,以及顶部区域突出的树冠。这些选定的白蜡树生长在一个古老的农场里,那里已经停止截干很多年了,丰厚强韧的树枝适合制作登山用的手杖。

图 12.3

拉塔托斯克亭子:被选中的树

最终,我们选择了 10 棵树,沿着树干的纵轴切割成两部分。研究所的工作有两部分,首先是对原始树木进行激光扫描,然后制作 3D 模型。在第一步骤中,扫描者在木材表面上采集上千个点的坐标值,形成一个所谓的点阵,再把这些点阵结合起来创建一个三维的树木图像。我们把这些数据输入到 3DMAX、FormZ 和 Rhino 等建模软件中。得到这些树木的三维虚拟图像后,我们就可以重新审视最初的草图构思。通过虚拟模型,我们进行了 10 棵树的定位实验。我们意识到,为了创建一个坚固的结构,一个树枝必须始终与相邻的另一个树干的树枝连接。同样,每棵树的底部应与相邻树木相互连接。我们重新评估了如何使空间具有亲和力,同时又具有轻快的、开放的特点。

图 12.4
拉塔托斯克亭子：白蜡
树树干的数字模型

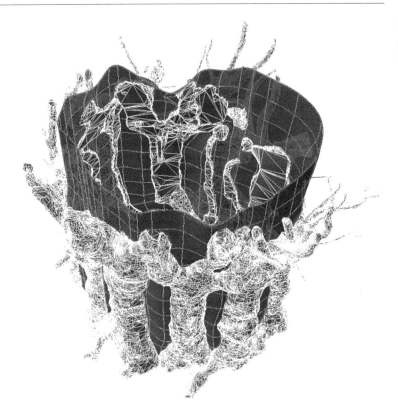

在树木定位之后，所有 10 棵树以空间拓扑的形态横跨几个树干，我们设计了每棵树的铣削格局。布置了比树枝粗壮的控制线，推敲了树木的曲率和纤维图案。这条线生成一个三维的 NURBS（非均匀有理 B 样条曲线）曲面与每个树的模型相交。通过编辑控制线我们可以调整树形表面，直到我们对整体切割形状满意为止。随后，根据树木的固有特性（如斑节、孔隙和纤维），我们增加了控制线的一些细节来细化表面的某些部分，并且对攀爬用的把手、标志牌、座椅等进行塑造。在草图设计阶段，建造物的表皮可能从来没有被预测过，而是通过项目过程中的集成，在反馈过程中产生的。经过修复的"根"在底部起到连接和稳固树的作用，这个"根"是从保留的树枝中塑造出来的，这样可以保证与树干中的接头良好锁合。其形式很大程度上取决于被丢弃树枝的形状，因此永远无法从最初的草图里预测。同时，设计通过自下而上的方法进行验证与调整后，树干和树根光滑的、错综复杂的 NURBS 曲面数据被传输到 3D 车间进行数据机床加工。

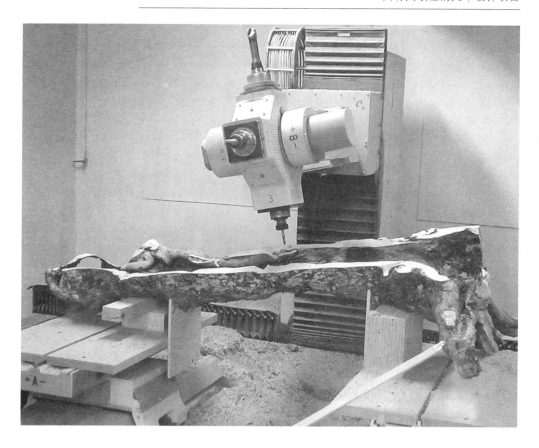

图 12.5

拉塔托斯克亭子：数字制造

铣削过程可形成连续的、成型的内面，其中包括攀爬扶手、根连接表面等。展馆最终呈现出来的是一个由树枝切片组成的类似皇冠的拱形形状。这些元素的最终位置完全依赖于木材的每个切片的灵活性，因此，直到这些元素被固定到最终位置之前，会一直处于不断调整中。屋顶形态的设计从一开始，其形式就不可能被准确预测。根据人体工程学原理，木片作为缓冲，形成了柔软的底部垫层来保护玩耍的孩子。靠垫的形状适合展馆的内部空间。树木的所有部分，如树干、树皮、木屑、树根和树枝，都经过提炼和重组，根据材料内在特质重新组成一个新的整体。我们在粗糙的、未经处理的外观和精致的内饰之间形成一种对比，同时，屋顶的有韵律的树干和精巧的雕刻镂空之间也形成对比。最终的成果是一种预制的"装置"，它是在不同层级同时发生时集中产生的，这挑战了传统的设计序列过程。

图 12.6
位于伦敦维多利亚和艾伯特博物馆的拉塔托斯克亭子

图 12.7
拉塔托斯克亭子可供儿童玩耍

布道岩旅馆

布道岩旅馆曾获得 2004 年挪威设计大奖。这间旅馆有 24 间客房,配套部分还包括咖啡厅、餐厅和会议室。旅馆坐落在通往布道岩的路口前,背面悬挑,伸向峡湾的峭壁之上,是挪威西部著名的景点之一。

图 12.8
布道岩旅馆

最初的方案是基于对一个大型折叠屋顶和由大量木材元素形成的肋结构的研究。这两个层级的集成不断变化,并根据客户和顾问团的要求进行调整。我们的目标是解决这个项目的主要需求:双肋结构和由大量木材元素构成的预制屋顶,以及独立的木制表皮。可折叠的屋顶同样被当作墙体并围合着建筑的室内空间。其剖面和拓扑形式与其起伏的景观环境相关联。在内部,双肋结构将相邻的客房分开,消除了横向声音的传播。双肋作为主要承重结构,它们的间距和形式源于对安静的需求,以及客房的空间需求。一层悬挑创建了一个公共区域,该区域是沿着立面肋骨之间设置的私密空间。3D 数字模型作为一种常态化工具被应用于整个设计建造过程中,并不断调整适应新的环境和需求。

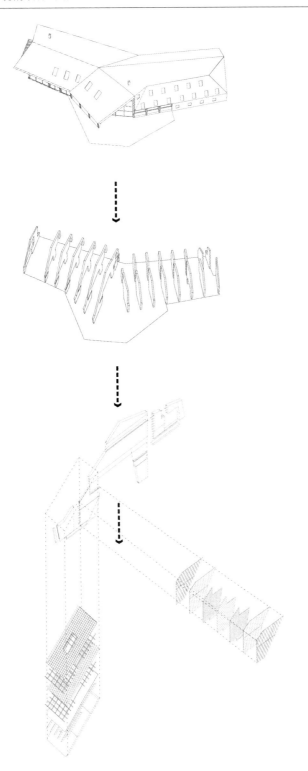

图 12.9

布道岩旅馆：组成结构图

该项目的促进和转变是基于对两个基础层级集成的深入调查：大量木材构件和组成它们的 Holz 100 材料。每个构件都包含数层：一个垂直承载核心，两个斜加强层和水平外板。各层被膨胀桃木销榫接在一起。木构件的制作没有用到任何胶水或钢材，因此它们不仅能保持木材的特性而且更加环保。每个构件的大小是由结构工程师计算后，在工厂大规模生产的。有时会根据它们的具体性能在工厂进行调整。这些探索工作对两个更高层级的集成设计具有很大的影响，即 15 根肋和建筑物的整体形状。

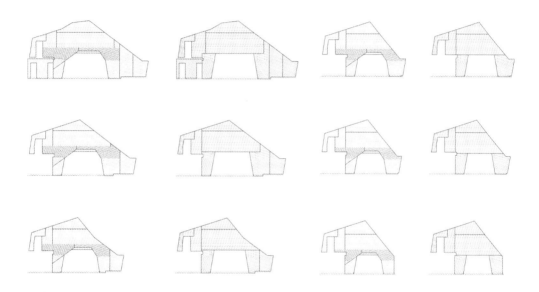

图 12.10

布道岩旅馆：分化的巨大木墙壁

在采用 Holz 100 构件时所面临的结构上的挑战是公共空间的大跨度问题。咖啡厅和餐厅的宽度为 6 米，这个跨度对于二楼的承重来说过大，因此不得不使用肋骨进行支撑。同时，我们想避免对 Holz 100 体系造成额外的压力，因此使用叠层梁来增加其承重能力。我们和工程师 Wörle Sparowitz 合作解决了这个问题：通过把内部的结构元素转换到外部，暴露的斜面可以在一个更高的位置上延伸到房间里，从而提高静态质量和肋的刚度。同时，木材料层的转换改变了整个空间形式，也改变了公共房间的几何形状，也同时展示出独特的建构方法和木构件的固有特点。

2010 年上海世博会挪威馆

上海世博会的主题是应对城市未来的可持续发展。本着这一理念,同时还要考虑展会结束后对材料的再利用,建造一个展期为140 天的 1 900 m² 的展馆的确是件难度很大的事。

随后,我们在设计中也着重考虑了展览结束后的展馆后续利用问题。比起展馆的造型设计,我们更关注于研究一些独立的构件或组件,它们应能很容易地被组装、拆除和改造。同时它们必须具有高水准的美学水平,并且在世博会中能代表挪威。构思中我们引入了一个"树"的概念,它能最大限度地满足该项目的需求。在世博会期间,这些"树"被组装成一个感觉意义上的且具有多种功能的"森林"。在世博会结束后,每棵树都可作为一个功能性的独立单元被重新使用,例如,可以形成一个室外的社交场所、玩耍的场地或者娱乐放松的场所,甚至成为可供攀爬的"树"。每棵"树"都有由 CNC 加工出来的四根树枝、一根树干和四条树根。承

图 12.11
布道岩旅馆:餐厅内景

图 12.12
2010 年上海世博会
挪威馆

重结构部分是在挪威制作完成的,其余部分是在中国制作的。每棵"树"的四根树枝分别形成使篷布(薄膜屋盖)张开的四个支点;这种聚四氟乙烯的薄膜屋顶是由工程师 Julian Lienhard 和 Jan Knippers 设计的。树和薄膜屋盖的尺寸都是按照世博会结束后每个部分都能独立使用而进行设计的。这个项目的一个主要意图是避免展馆内部与外部分离,因此通常的想法是把它设计为一个有着奇特表皮的"黑盒子",且先不考虑展会背景,设计完成后再把它置于展会场地中。相反,我们想要将表皮(薄膜屋面)、基础设施(空调、水和能源供应、照明等)、家具、展会背景和信息显示等都融合编织在每一棵"树"中。为了达到这个目标,我们设计了一种能加强主体结构的材料层;即用 CNC 加工的含有竹子材料的胶合板,这种"附加层"在树枝、树干和树根上都有采用。在这些附加层中埋有雨水管道、喷淋管道和电气管道。在根部,显示器和屏幕被整合成另一种形式的特殊附加层,共同完成整个场馆的展示。此外它们还包含技术基础设施和供应空气的气囊,并通过穿孔插件连接进入展馆。展馆由 15 棵"树"构成,每棵单一的"树"共同完成整个场馆的功能,它们之间又是互相影响的。不同集成层级之间的信息交流和相互依赖关系是非常复杂且持续发生变化的,甚至会持续到建造的最后一刻。更高集成层级的导向,如场地的限制、外部形式和平面的布局以及展览的设计等都是基础性的,更重要的是如材料的限制以及"树"与局部信息之间的连接等较低层级的集成。

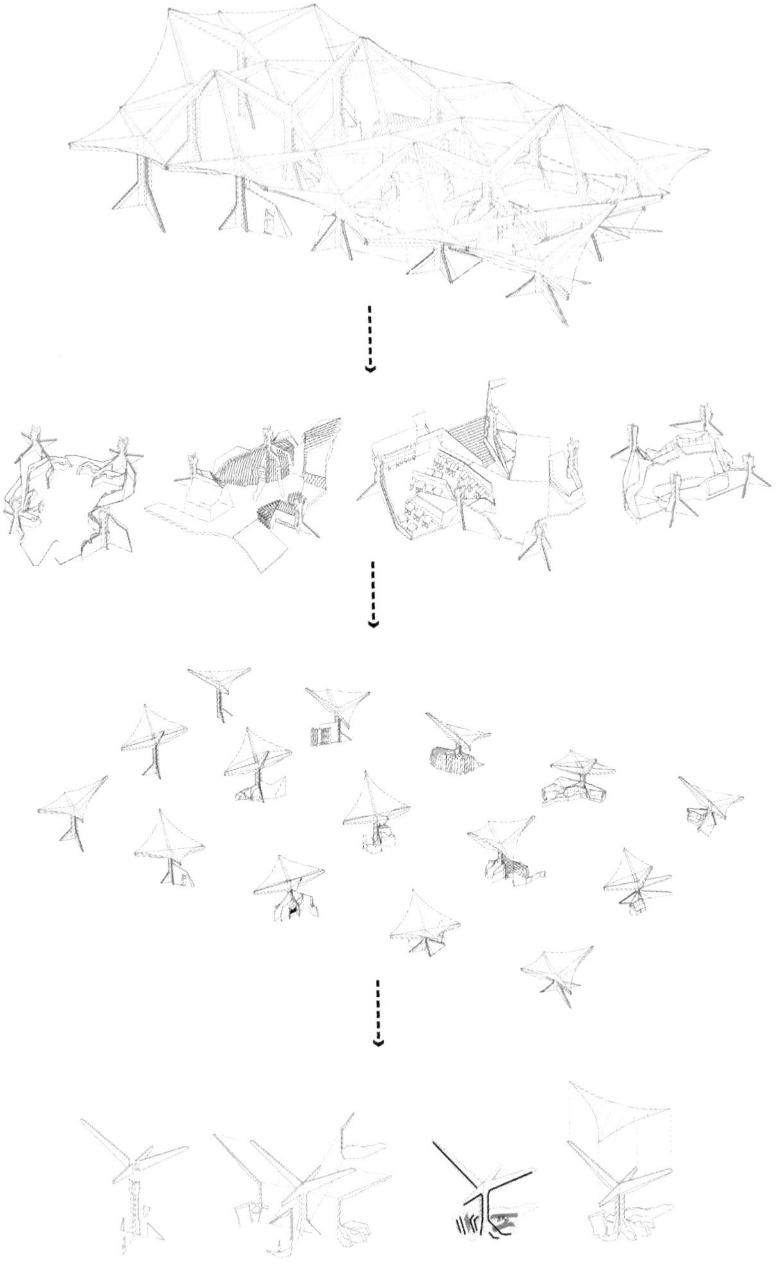

图 12.13
2010 年上海世博会挪
威馆:构件逻辑方案

　　例如,对于第一集成层级,聚四氟乙烯薄膜需要一个预拉力,以使树枝(第二集成层级)末端的两个高点与两个低点之间的拉力差不会低于一个最小值。这种相关性影响整个屋顶和第四层集成层级整体的已确立的参数。改变一个点就会改变整个屋顶。

在设计初始阶段我们不仅考虑到场馆的后续利用,也同时考虑到场馆的展览性的目的。这种理念促进了"树"的方案的发展,也促进了展览性的提升。我们的挪威客户不接受将不同的设计过程进行整合。这反映了一个一般性问题:初始设计将从之后的开发过程中出现的对立信息中受益,如在建设阶段、未来的使用中或改造中。但这隐含了法律上的、组织上的和经济的上的复杂因素,客户不想使他们自己过早冒险做出错误的决定。如果经济的、法律的和组织的模式从一开始就被认真考虑,那么我们最初的想法将会更好地被实施。不过,我们与来自华中科技大学、广州美术学院和上海同济大学的学生组成了几个工作室,一起研究设计原则、造型和再利用的经济性等,改变了对场馆设计的原始理念。

图 12.14

2010 年上海世博会挪威馆:树列的差异和膜屋顶波动变化

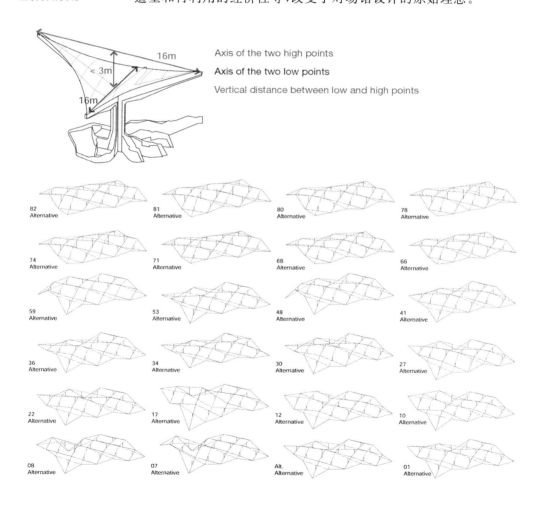

Axis of the two high points

Axis of the two low points

Vertical distance between low and high points

图 12.15

2010 年上海世博会挪威馆：工作室中的武汉华中科技大学、广州美术学院和上海同济大学的学生们

图 12.16

2010 年上海世博会挪威馆

结　论

在每个项目中都有两个实质性问题需要回答：一是，在保持原有构想的同时，哪些设计方法能够指引你完成一个有反馈循环和影响的设计过程？二是，在项目的相关部分中，能涵摄最广的概念和前提条件是什么？回答这些问题的困难源于学科间的跨越及我

们专业的复合性的本质。一些概念,要么因为过于局限而无法在建筑方案的每部分进行表达,要么因为它们过于死板而无法适应不同的情况。这三个项目中所采用的方法可以被描述为一个"工具箱",它能帮助我们掌握和贯穿不同的学科、文化背景和议题。设计和生产过程中交织的不同空间概念最终会导致多功能以及更富体验性的和意想不到的空间创造。这包括建筑构件及其功能与使用关系之间的再设计。这个合成的过程需要常规工作和反馈过程的及时重构。大量的迭代设计和数字化建模工作是设计研究所必需的,与此同时,从最初就要将专业知识和详细规划整合在一起。因此,一个项目可以包含不同层级的集成。每个层级都有它自己潜在的可能性以及内在的交互。这绝不是要在项目中创建严格的等级结构。相反,不同的概念层会增加项目对环境的适应性和用户的满意度,同时也会更适应材料属性和集成性。

参考文献

De Landa, M. (2011) 'The Case of Modeling Software'. *Verb Processing*, 132-136.

Jacob, F. (1974) *The Logic of Life-A History of Heredity*. New York: Pantheon.

13

专注于设计研究的 Integrate 工作室

Michael U. Hensel 对 Mehran Gharleghi 和 Amin Sadeghy 的访谈

MH：在给定的前提资源条件下，启动新项目一直是一个相当大的挑战，尤其是要在其中开展设计研究的新项目。Integrate 工作室一直在从事这样的工作。请介绍一下你们的项目实践和操作模式以及与常规项目有什么不同之处？

MG & AS：Integrate 工作室是一个注重实践的团队，然而，一些偏于研究的实践缺少项目基础和相关需求。我们一直通过建筑教育和工作实践在谨慎地选择一个集中的路径，以激发我们在建筑设计方面特定的研究兴趣，建筑设计又可以拓宽和延伸这些兴趣。同样，我们建立了一个可以访问的专家网络平台。在我们的案例中，设计和设计研究总是与项目或教学活动导致的理性结构有关。我们的工作室还配有特定的建造技术，可以更好地设计开发项目。

我们十分重视合成空间的质量、材料的性能以及建筑和环境的相互作用，甚至其他条件，如可能成为阻碍的经济因素等。

例如，在 Saba Naft 商业办公室综合项目中，我们研究应用了一种多准则方法来应对场地位置带来的挑战，该项目的场地位于城市开发区内，展现了在城市文化发展方面的独特视角，适应了当地的气候特点，并体现了材料性能和物理环境特点。通过创建一个俯瞰东部和南部景观的公共平台，该项目将成为一个重要的城市节点。

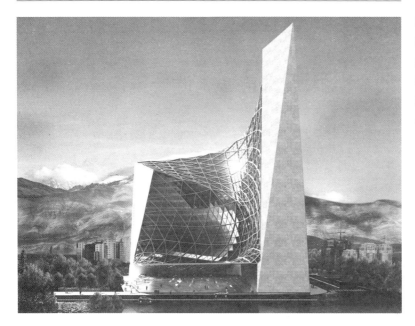

图 13.1

Saba Naft 综合体效果图(Integrate 工作室和当地建筑师 Nasrine Faghih 联合设计,Archen 公司出品)

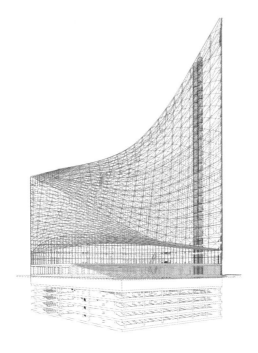

图 13.2

Saba Naft 综合体轴测图(Integrate 工作室和当地建筑师 Nasrine Faghih 联合设计,Archen 公司出品)

公共平台成为通向大型超市的主要入口,同时,沿建筑不同的方向设置了其他次要入口。L 形的布局联结了北向、南向和东向,形成了壮观巨大的体量。为了能最大限度地获取阳光,办公大楼在沿纵深方向进行了差异化划分,狭窄的进深造就了办公大楼南北方向多变的立面形象。

图 13.3
Saba Naft 综合体体系
模型(Integrate 工作室
和当地建筑师 Nasrine
Faghih 联合设计,
Archen 公司出品)

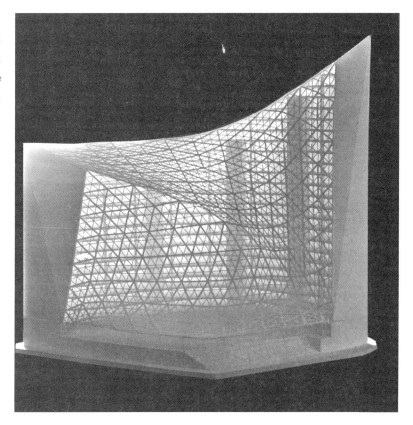

建筑所处的位置几乎全部暴露在阳光下,这在当地气候条件下是不利的。为解决这个问题,我们附加了一个充气表皮来减少南向和东向太阳光的辐射,同时使这层外表皮具有高透明度。适应气候变化的外表皮朝向公共平台布置,从而提升室内空间品质和环境的开放性。同时,采用轻质的 ETFE 膜,它的高级分化能力使复杂几何形体的排布成为可能,还满足建筑表皮设计的不同标准之间相互协调的需求。

MH:请介绍一下 Integrate 工作室在进行这个项目时,是如何整合各项专业技术的?

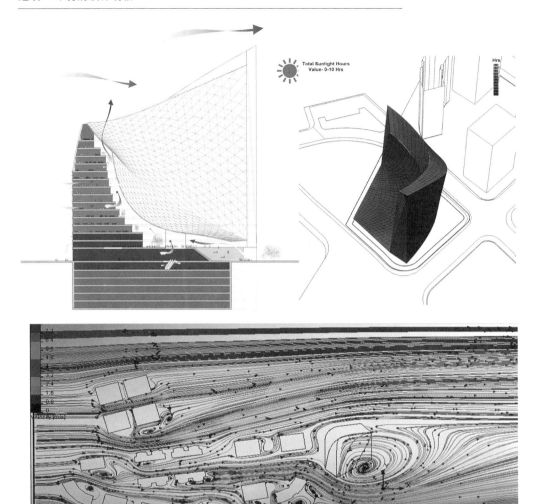

图 13.4

Saba Naft 综合体环境分析(Integrate 工作室和当地建筑师 Nasrine Faghih 联合设计,Archen 公司出品)

MG & AS:我们所做的设计研究需要一系列领域的相关知识。建立不同研究兴趣和实验之间的联系是必要的。在早期设计阶段,为了获得相应的技能和知识,我们与这些专业知识建立了联系,包括:材料、计算、数学、环境还有建筑信息管理(BIM)软件等。

在不同的项目阶段,我们需要运用一系列的技能和工具来解决不同的问题。例如,在自适应充气系统项目中,为了解充气材料系统的固有结构适应性特征,我们开展了大量的材料研究。研究的目的是为了实现一个轻质的自营系统,这个系统无须使用电气机械设备就能够应对外部环境作用。在这个研究例子中,环境作用体现为一天中太阳直射光导致的充气垫产生的不同压力。只要确定了材料的相关性质,有关充气材料系统可靠的经验数据也就建立起来了。借助计算机进行环境模拟,在微观、中观和宏观的不同环境配置中,进行系统性能的测试和开发。这个过程需要大量的计算和环境分析方面的知识。

图 13.5

贝纳通总部,2009 年
竞赛入围:效果图

图 13.6

贝纳通总部,2009 年竞
赛入围

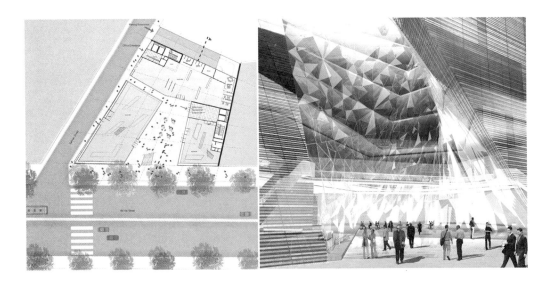

图 13.7

贝纳通总部,2009 年竞
赛入围。左图:首层平
面,右图:中央庭院

　　贝纳通总部(Benetton HQ)是一个适应地域性典型气候的加
建项目。重建的中央庭院,其平面为 U 形,并沿垂直方向逐层三维
旋转,U 形的缺口作为主入口,并形成了开放的公共空间。建筑体

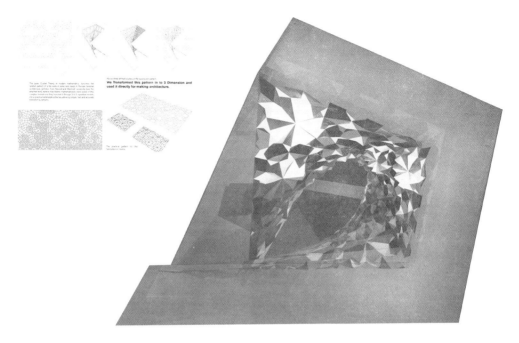

图 13.8

贝纳通总部,2009 年竞赛入围:面向中央庭院的运用彭罗斯模式设计的建筑表皮

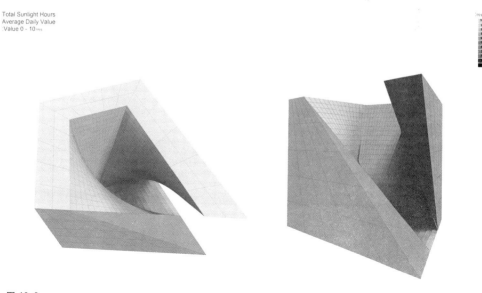

图 13.9

贝纳通总部,2009 年竞赛入围:环境分析

现了对当地气候的适应性,创建了一个几乎封闭的中央庭院。

　　建筑物复杂的整体几何形体通过彭罗斯模式相互贯通,覆盖了面向中庭的三个面上的双曲面表皮,这也是分隔室内外的界面。这样处理,使环境分析、数字仿真和数学计算紧密地结合在一起,能够激动人心地、可行地解决一个复杂的设计问题。

　　MH:请介绍一下关于 Integrate 工作室具体的研究兴趣。

　　MG & AS:涉及空间品质和居住舒适度方面的问题是我们最感兴趣的。对材料、几何形体和环境的研究,构成了我们研究的最重要的部分。在不同条件下,材料的组织方式能显著地影响建筑或建筑构件的几何结构和性能,这引起了我们的注意。作为一个主要的研究领域,乡土建筑体现了基本的材料、结构和环境绩效的整合,从而形成丰富的空间,保障居民的生活形态。在某些情况下,随着文明的进化,我们有机会重建这些几百年来形成的令人惊叹的空间以及完美回应气候需要的建筑。通过仔细的研究和分析,我们尽量了解在特定气候条件和材料选择下的操作原则,并能够在我们的项目中适当地运用和发展它们。

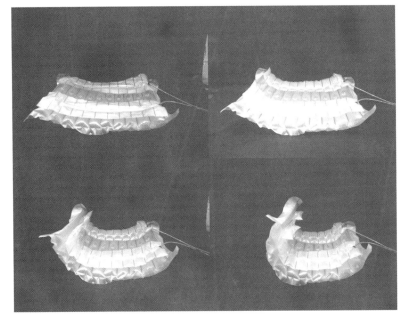

图 13.10
自适应充气系统,不同
阶段的模型

我们对材料和几何形状的研究，通常是通过严密的物理实验和缩尺模型实验进行的。一旦我们掌握了小尺度材料的规律，实验规模就可以向上扩展到建设规模。这样做是为了测试结构特性和环境绩效，以及空间接合性。当我们遇到合适的项目时，我们将

图 13.11

自适应充气系统，双曲面气动构件的数字模型

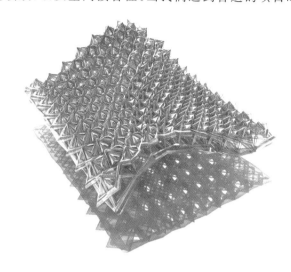

图 13.12

自适应充气系统，双曲面气动构件的环境分析

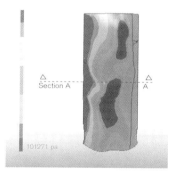
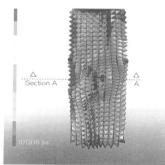
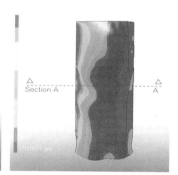

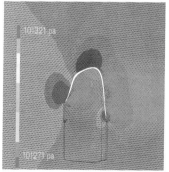
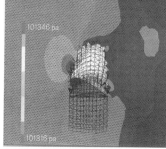
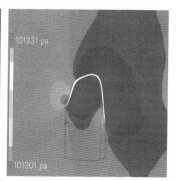

Section A-A　　　　　Section A-A　　　　　Section A-A

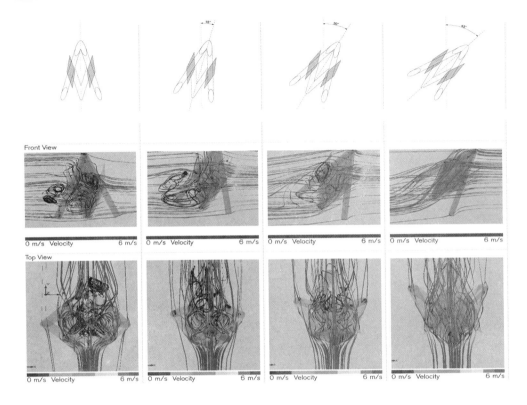

图 13.13

自适应充气系统,双
曲面气动构件的环
境分析

研究成果全面地应用到建筑设计中。我们关注两方面的研究,一是直面解决建筑设计矛盾,另一个是可以用之前积累的实践和经验知识,来充分表现建筑。后者则是一种对创意和知识这类实践资本的投资。

我们对气动结构研究开始于大量的物理实验,正是这些实验,引导我们开始对材料的自供给结构和自适应细胞的情况有一个切实的了解。我们通过特定的材料布置,实现了能够应对环境刺激而不需要借助电气机械设备的自供给系统。

气动装置的自适应能力源自材料系统的固有属性,它膨胀后宽度缩小。在关闭状态下,气动组件包括上下两层。当上层放气时下层充气。当阳光直射组件时,组件的细胞单元压力增加。高气压促使空气穿过一个压力阀到达上层,从而使上层膨胀。因此组件张开,气流通过表皮从而形成自然通风。随着全天太阳方位和高度角的变化,细胞单元随着直射光的变化而变化。为了创造空气对流,几何体需要形成双曲面,以便在不同时间的适当位置

图 13.14

自适应充气系统，
2010 年伦敦设计节
模型

上，设置不同的可开启的板块。

通过这种构造，复杂的几何体布置直接反映了材料性能和周边环境，而周边环境直接影响大楼的照明条件。事实上，这样的结果能适用于不同环境中的各类建筑，因此，每个建筑的形态都是不同的。

在不同地区，材料的限制和边界条件会为我们产生各种研究机会。在这个实例中，材料系统的限制是只有当组件是平面的时

图 13.15

空气骨架装置，格拉
兹科技大学的工作
坊，工作区走廊的场
景

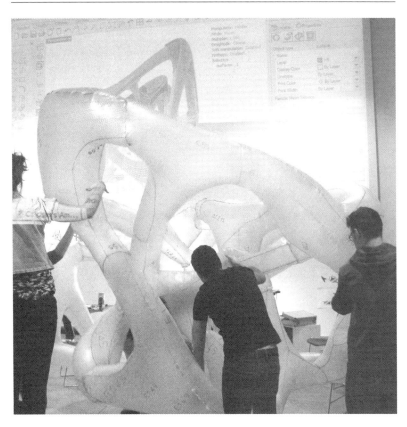

图 13.16

空气骨架安装：格拉兹
科技大学的工作坊，搭
建模型的场景

候才能开启的。为了获得双曲型表面和满足建筑的基本性能，我
们不得不使用四边形这种几何图形，并通过一种数学方法来解决，
这种方法允许我们通过简单的平面元素实现双重曲面。在 2010
年伦敦设计节上，我们按照原尺寸制作了一个模型，用于测试建筑
自供给能力及其性能。这个项目后来获得了国际可持续奖的殊
荣。

　　我们一直在研究探索气动系统，在格拉兹科技大学最近的一
次工作坊中，我们设计并建造了一个空气骨架装置。旨在探索更
复杂的几何装置和更光滑的节点装置来更好地实现其结构性能，
同时获得更复杂的空间。设计过程包括高级计算机找形分析、材
料构成与模型装配。用平面切割模式来打造双曲表面是一个挑
战，这项研究目前正在进行，只有解决了这个问题，系统才能够全
面运作。

　　这项针对气动系统的研究在上述 Saba Naft 项目中得到了应

用。气动装置的优势是，一旦建筑物表皮的设计标准确定，这种轻型结构在地震活跃区和温差变化大的气候恶劣地区会起到很大作用。

MH：你们如何根据一个给定的条件来识别项目的研究潜力？

MG & AS：我们发现，使研究主题的一些要素适应给定的边界条件和环境条件，是非常激动人心的。这样，研究将可以超越普通的设计模式，获得独一无二的设计方案。此外，每个项目都会存在一些意料之外的困难，对于一个特定的问题，这些制约通常会帮助研究走向深入。Saba Naft 和贝纳通总部项目是这方面成功的例子。

图 13.17

世界地毯贸易中心——2007 年竞赛入围作品：三等奖（工作室 Integrate 与建筑师 Nasrine Faghih 联合设计）

同时,我们对伊斯兰几何图形的再利用进行了研究,例如,从五年前开始,到目前为止的贝纳通总部项目就是一个特殊的设计方案。这一研究开始于我们的研究生学位课程,并由 Nasrine Faghih 创作出版了的名为《与一位年轻建筑师的谈话》的专著。该项目最终获得了伊朗年度最佳建筑著作奖。研究的初衷是为了挖掘伊斯兰几何图形背后的数学潜力。Peter J. Lu 是一位来自哈佛大学的博士,他对公元 1200 年的 girih 图案产生了一个概念上的突破,girih 图案是一组特殊的由等边多边形的瓷砖拼贴组成的,并通过棋盘形布置而形成的用于装饰线条的纹样。这些瓷砖能组合出越来越复杂的周期性的 girih 图案,到 15 世纪,又融合了棋盘式布置花纹法,这些相似又略有变化的花纹组成了几乎完美的准晶体彭罗斯拼图,早于西方五个世纪。对伊斯兰几何图形潜在规则的研究,将它应用到建筑的双曲面和复杂的形体,在创造新颖的综合空间、结构和环境等方面,是一个新起点。我们在两个建筑项目中体现了这种研究:世界地毯贸易中心(2007,国际竞赛第三名)和贝纳通总部(2009 年)的竞赛,这两个项目都是 Integrate 工作室与建筑师 Nasrine Faghih 联合参与的。在地毯贸易中心的设计过程中,我们尝试将表皮上不同形式的几何形转换模式,变成可调节空间和照明条件。把研究成果应用于实践是该项目的一大机遇。建筑表皮被覆以重塑的波斯地毯式的装饰图案,从而形成不同的密度来调节建筑内部的使用视角、照明条件和环境品质。

该项目的生成过程分为两个主要部分:一是创建了一个公共的倾斜通道,引导人流进入位于建筑顶部的展厅;二是观众有机会从不同角度观赏建筑的内部空间,在行进中体验外表皮不同疏密的几何形状产生的室内空间的变化。

当我们完成贝纳通总部这个竞赛项目时,设计研究也就相当于告一段落。我们通过使用几个基本模块,将准晶体彭罗斯模式应用于复杂的双曲面体中。该项技术用来确保建造面向中央庭院的复杂表皮的可行性。在这里,我们架构了环境研究与数学知识,来应对一个给定条件的处于密集区的城市环境。

MH：你们认为什么样的外部专业知识是有价值的，可以引入你们的项目？

MG & AS：我们试图在项目不同阶段与各种专家团队进行合作，听取他们对于设计过程的反馈意见。各专业领域的价值包括：

（1）设计项目所处地区的建筑历史和文化遗产。我们一直受益于与有经验设计师，如 Nasrine Fagih 博士的合作，他本人对伊朗的本土文化和建筑历史以及世界历史与建筑理论有一个全面的了解。

（2）制造商。在设计的初期阶段，我们倾向于向专业的制造商寻求建议。有时这种交流发生在项目着手研究之前，有时候我们还会寻找与项目中的特定问题相关的专家。吸收建造商和制造商进入设计团队可以扩展动态的设计过程，我们一直受益于此，这种做法几乎一直贯穿于设计、制造及装配的全过程。

（3）材料研究人员。材料研究是我们研究的核心领域，在我们的设计过程中扮演着一个重要的角色。到目前为止，我们一直在对充气装置、纤维增强混凝土（与 Shin Enshigra 和 Rubez Azavedo 教授）还有纤维织物等材料进行研究。我们未来的材料研究将包括纤维增强充气材料、木材和新的高性能材料。

（4）数学家。面对复杂问题我们利用数学方法可以找到优化和简化的途径。目前，为了安装 Saba Naft 的气候化表皮，我们正在研究更多的数学上的解决办法，找到一个更有意义的、结构合理的、经济的解决方案，我们正与一些数学家和计算机专家合作。

（5）环境专家。在乡土建筑的设计研究项目上，我们与环境专家合作。我们认为当地气候条件是我们设计过程中一个至关重要的部分，它不是一个设计前期的优化方法，而是环境对我们项目的几何结构在设计之初就产生影响。

（6）结构工程师。在早期设计阶段，建设性的结构建议是我们最需要的外部专业知识。为了获得创新的结构方案，我们试图与具有创造力的工程师协作，帮助我们分析材料系统的运行状况。

14

城市设计中的土地复合化高效利用

Eva Castro and Alfredo Ramirez

引言

本章介绍的内容主要包括：GroundLab 事务所在过去三年里
完成的一些项目；AA 建筑学院景观都市主义硕士课程中开展的一
些学术研究；从一些特定项目中总结出的设计策略。

高度发达、高迁移率及发展压力大是当代城市的鲜明特点。
基于当代城市的特点，本章目的在于探究城市设计中有关方法论、
可操作性及关联性等的综合问题。如何应对城市无序蔓延、快速
城市化、后工业化以及自然灾害等方面的问题已成为迫切需求。

全世界传统的城市规划者依然倡导类似于 20 世纪的构图式
与感受式的城市总体规划方法；而 GroundLab 事务所正积极推进
城市化替代模型，反思城市组织结构，图解新的城市网络，指数化
城市区域的敏感信息，研发新材料和绘图表达技术。这些用于明
晰城市新结构、逻辑和边界的策略得到了检验，也经受住了考验，
这些策略也诠释了其在当代城市背景下的可行性及适用性。

景观都市主义

GroundLab 事务所的工作根植于称之为景观都市主义的这一
相对较新的学科，具体地说其方法论形成于伦敦 AA 建筑学院的
景观都市主义的硕士课程，与北美学术界关注的"都市主义"方面
不同，他们关注于建筑环境，将建筑作为空间接合的驱动模式，将
建筑看作城市、文化、政治和社会的载体。同时，可在景观实践中

整合相关的模型、方法和技术。景观设计中允许对场地进行处理使用，土地可作为创作素材，也应充分利用它在不同时间段积累下来的特点。

GroundLab 事务所认为，作为一种空间结构，建筑与景观及其生态过程紧密联系在一起，因它们都可视作通过土地处理的方式而产生的。这种观点的最广泛意义在于：

> 景观作为一个连接、标度、时间性运作的城市模型被构想和关联：城市可作为一种图解化的景观和一个复杂的生态过程。通过这个模型，城市可以被连接到地方、区域乃至全球尺度，以便我们了解其演变的潜力。
>
> （Castro 等 2011：6）

> 就其规模、连通性及发展过程等方面而言，城市虽可以被图解为景观，但是我们并不认为城市本身就是景观，例如，一些可以供中产阶级散步的田园空间，或一些看起来令人愉悦的"绿色"和"环保且可持续"的事物。我们认识到城市作为一种社会、政治和经济的集合载体，充满了各种张力、冲突和竞争。
>
> （Spencer 2010）

这意味着可以把城市看作一个更广泛的新陈代谢综合体的一部分，城市中的新陈代谢、历时性的景观过程以及"自然"成为进行人类互动与联系的载体。因此，环境因素成为重要的设计驱动力，这使对"土地"的设计成为具体的驱动模式或策略载体。

过程性设计：从抽象思维到具象作品

GroundLab 的设计研究不注重设计范围的大小，而是强调整个设计过程中包含的所有尺度都具有较高的空间辨识度。对尺度的界定体现了与动态系统协同的过程，从中可以识别对象的结构层次与核心要素。因此，选择与场地现状相关的体现具体问题特征的研究尺度是关键领域，意味着对于整体而言，这个领域对该尺度具有本质性的、变革性的影响。

宏观角度……

我们有一个包容性的设计过程，认可在当代复杂条件下的制约性，不论是物质、社会、经济或是环境层面的，还是材料和表征性技术广泛应用层面的。这些技术作为工具在多种条件下进行解码、合成和处理，并将研究成果应用到建设性策略中，进而对设计进程产生了直接影响。

到微观……

我们在设计中引入"原型"的概念作为中介来建立一个更精准的设计辨识度。"原型"——可以看作一个动态系统，它既可以在一个更高的策略层面上发挥作用，也可以作为一个模式来控制设计区域。引入"原型"可以了解设计辨识度的变化，揭示整体动态系统的运行及其反馈机制。

"原型"是随着类型学的产生而出现的概念。在"原型"看来，例如城市基础设施，它不再仅被当作只考虑其工作效率即可的部分，而是具有更多含义的、全新的研究目标。由此，基础设施的规模、形式及其一般属性突破原有的定义；当多个"微观"原型联合运行时，其稳定性将得到增强。

回到原型……

"原型"，作为一个中介，具有影响整体的双重"任务"——通过调整自身的性能，同时进行相关设计信息的追踪与反馈。因此我们将原型作为一个驱动设计进程的工具，同时也作为一个整体过程变化的记录器，从而进一步调整相应的设计策略。

设计方法

GroundLab 事务所十分重视设计方法，将其作为从抽象思维与设计意图到实际作品与方案之间的桥梁。设计方法可以作为解决城市肌理同质化和当代快速发展下都市缺乏响应能力等问题的工具。同时，设计方法还可以检验和比较学术界成熟的策略与实际项目和客户需求之间的冲突。

学术范围内的表征性技术发展离不开在实际项目和竞赛中的应用。大型项目为这些技术提供了完美的试验平台,它们通常被用来理解和梳理设计场地的现状问题。

我们强调对设计方法的应用不仅仅局限于对场地的分析或诠释,而是强化对场地信息的解读,将场地转换成环境、地形和地理的设计信息指数,甚至是更具探索性和可行性的模型。指数因此可以理解为用地范围内现存的一种结构性、变化性、混沌性的参数,所有参数都是平等的、促进交互的,最终形成一个整体系统进行协同工作。这种推动型策略作为核心的关联性影响来替代离散部分的修复方法。

指数化向超指数化的信息传递以连续统一体或行动区的形式保留下来,这使我们以建构场地作为空间组织手段以及逆向反馈与校正成为可能。因此,自然系统(包括河流、绿色廊道、水道系统)、城市流(包括行人、车辆)、产品交换与生产、地方网络交互、现存城市模式,所有这些要素都被用来建立新的框架,在新的框架里关于空间节点、坐标、道路或路径的作用被强调或削弱,与此同时它们成为城市结构连接与区分城市新旧板块的主轴。这种方法并不适用于未建成空白区,而是适用于充满信息的场地进行研究、协调与尝试。其目的是确立设计范围内的物质性基础的存在,并提出相关的解决模式。

扩展基础设施

基础设施在城市中的作用是至关重要的,它保障了城市这一复杂系统的运行与管理。在通常情况下,为了避免与基础设施联系,它们以地下静态结构的状态被覆盖和隐藏至地下数层处。最近,经常被提及的从"意味着什么"转向"能做到什么"的建筑设计理念开始与城市项目尤其在基础设施方面联系起来,这个理念在城市范围内给出基础设施的自然属性表述。

GroundLab 事务所通过研究景观和工程技术来探索基础设施的问题,并将其整合到城市设计过程中。景观和工程技术超越了如土壤修复、净水策略、交通控制、土方平衡等问题的解决与修复能力的范畴,它们已经成为通过图解和信息指数寻找场地的物质性约束条件而呈现出被高度设计的空间结构的一种媒介。基础设施因此构成城市系统运行性能和效率的基本要素。通过最初对场地"如何运作"或是"什么可以做"的了解,技术和基础设施的交织导致一种物质性组织模型。因此,这个模型允许基础设施和其他项目集成和运作,这样可以共享相似的空间需求和运行组件。

当我们把城市看作持续改变和演化的动态系统的时候,了解其运行性能在城市环境建设的可行性是基本要求。使用这些工程技术来建造城市,将带来许多重塑公共领域的机会。例如,在绿色空间中同时加入休闲功能和生产功能,或水景设计中同时提供净水设备和视觉显著点,通过发挥基础设施的高性能,从而形成一个多功能、适应性强的城市环境快速发展框架。

关键形式

设计行业对外部影响非常敏感,最近,新自由主义都对都市化有很大的影响。可能政府公共资金萎缩的原因,是政府无力积极应对不断扩大的城市和不断增长的人口的问题,城市特色正在遭受私人开发利益的侵蚀。我们相信,一个"新的"都市论点将诞生,它倡导一种最大限度的连通性、灵活性和适应性来应对城市开发的不确定性。换言之,这是一个能够很好地符合自由市场,具有整体性的理论。与此同时,我们需要对未知事物的适应性和灵活性,我们不放弃形式作为环境设计的方法。"形式"成为一种面对挑战和面对未来可能不同城市图景的载体。

我们的目标是一方面避免传统总体规划设计确定性、控制性和不可变化性的误区,另一方面建构一个开放框架来应对城市发展的多样可能性。因此,"形式"作为体现和促进空间专有特征的媒介,在本质上是与我们对环境的"物质性"研究相关的。总之,GroundLab 事务所主张以高度交织的环境来建构特定的场景、细节和相互需求,建立一种非强加的归属感,形成一种对话,这种对话基于场地需求(基础设施)以及我们对不单纯作为服务的提供者而是文化的生产者这一当前趋势的回应能力。

场地作为一种设计范式

正如 GroundLab 事务所的名字和我们的几个项目如"厚土（deep ground）""地块 n（ground_n）""土地生态（ground ecologies）"所表明的，我们将"土地"作为设计元素之一，从中探索都市主义材料的潜力。我们这种兴趣的核心是相信"土地"是公共空间的最终阵地：城市土地问题与矛盾是最迫切需要解决的，因为它的政治承载性深深影响其周围环境。

因此，我们试图重新定义"土地"在地质学上的坚固性，从整体有限性向多样性观念转变。我们提出"土地形态学"的概念，注重城市设计者自我定位，强调与现存城市肌理交互的重要性，同时建立战略联系，形成新的"土地关系"。

我们把"土地"理解为人工构造，主要是通过用于解决技术要求的实用问题而产生的，已经从纯粹的实用主义形式扩展到具有多元空间属性的形式。我们的目标是创造多样性、个性化的环境场所：一个高质量的环境有能力孕育一个更复杂的环境，形成文化因素与社会因素相互交融的整体性环境，从而触发替代性的城市化模型产生，其环境空间的特征是非私有的，公共领域优先的，在环境中充满民主化、流动性和开放性。对"土地"进行如加厚、悬挑、交叉、复制和堆叠的处理可以促进景观与建筑融合。半公共性裙房、绿色基础设施空间、城市露台、下沉桥梁、步行网络、城市台地等都将促进新城市环境空间的布置和衔接。

通过加强与社会互动，对"土地"的处理创造性地再定义它所包含的项目与功能；简而言之，它们提供了多样性的"土地"来重新思考新的城市环境，质疑当前城市规划趋势，反思城市中的私有空间和半私有空间。

我们相信具有空间辨识度的"土地"具有重大的意义，它可以形成对城市公共领域的扩展与延伸。我们尽量使其去商品化，以使其从预先的定义和规范范围外发挥作用。我们认为，使用者与环境的重新联结可以培育一个充满活力的环境，同时，开发适合"休闲时间"的空间布局也是至关重要的。抽象的环境空间无法满足预先确定的功能，这种"尴尬"的现状不单是因为理性的功能分区造成的，更多的是涉及直觉的空间感受。

跨学科

　　GroundLab 的研究理念源于跨学科，在景观都市主义这一新学科的概念下进行设计实践。为了解当代都市主义的动态变化，需要不同专业和多种背景结合起来，不同知识和技术的相互交叉，创造出一个更全面的都市主义。以这种跨学科的方式引导项目发展，将其当作一个选择性城市图景的中介，同时在大型项目的不同部分以及不同阶段中建立新的、一致性的联系。

　　GroundLab 事务所成员的专业背景包括建筑、城市设计、景观建筑学和土木工程，这种学科交叉的团队形式是完成设计项目的基础。GroundLab 事务所运用的新材料使都市主义的社会、物质、生态设想在时间和空间网络中不断被调整。

　　最终，我们发现，景观都市主义的内在运作方法可以作为当代设计实践的催化剂。它是可以满足当代社会和环境条件需求，同时又可以调整城市环境重新分配的新方法。

"厚土（Deep Ground）"——深圳龙岗城区更新设计项目

　　"厚土"是 GroundLab 赢得龙岗中心城国际城市设计竞赛的作品。该项目为珠三角深圳市东北部的龙岗区中心城 $11.8~km^2$ 范围内的城市区域更新设计。规划范围内有 35 万人口、其中有 900 公顷的新开发区域。

　　为了应对当代中国现代化的挑战——快速城市化、巨大的城市发展压力、环境的严重污染以及深圳地域性影响，该项目从根本上扩大了都市主义的范畴。通过这个项目，在与当地政府和其他机构形成工作坊的同时，我们对中国本土和全球的环境有了一个重要的了解，提出了一系列的概念，运用了一系列的设计工具，针对不同的问题，提出三个主要的策略。

　　这些设计策略是针对深圳当地需求的，在某种程度上也可以理解为对中国典型问题的回应。场地现状具有自上而下的特征，主要受中国现今的城市化进程的影响。通过这种途径，这些策略

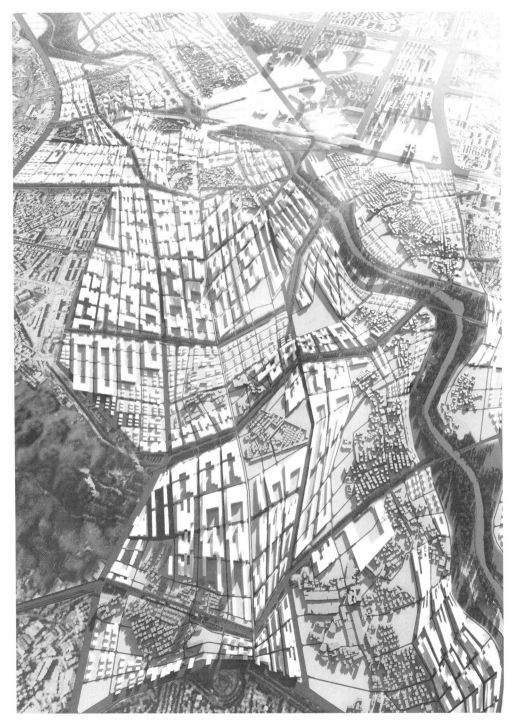

图 14.1

"厚土"——龙岗总体规划,鸟瞰图,© 2008 GroundLab 事务所

图 14.2

"厚土"——龙岗总
体规划，鸟瞰图，©
2008 GroundLab 事
务所

获得一种从特殊到一般、从单一到多样的关联性，从而通过连续迭代重新整合场地现有的问题。

龙岗中心区城市设计策略：

（1）"土地增厚"，以融合多重土地基准面的方式促进与城市的

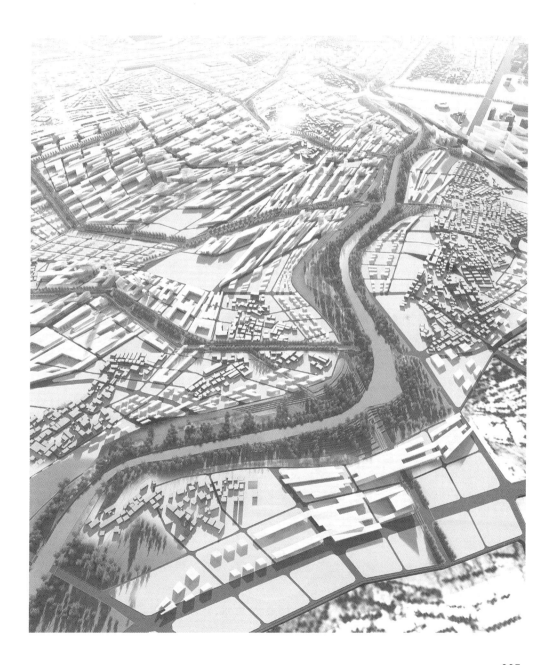

图 14.3

土地增厚,俯视图,
© 2008 GroundLab 事
务所

直观定位和连接,同时形成更多的商业区域和更高的开发收益,从
而为将来实施和后续维护提供财务保障。

　　(2)"景观策略",景观基础设施的建设促使被污染河道的更
新,不仅使再生河流用于城市日常生活,还将其打造成为一个生态
廊道,并在主轴线上和镶嵌于城市肌理的次轴线上创造一系列公
共空间。

　　(3)"城市村庄",把原址上那些要被拆除的建筑选择性地保
留,打造成为具有个性的、活力的、人性尺度的区域新发展的核心。

土地增厚

　　竞赛的主旨之一是更新主要广场和引入一系列的公共空间
(如书店、停车场等),将地下空间开发与公共空间设计以及河道规
划结合起来。"土地增厚"是一种形态学的空间策略,作为可感知
的空间表面,获取纵深和空间复杂性以联结不同的功能与土地用

途。通过这种方式,策略产生了一个多元方案而不是功能分化,致力于设计一个无限制的、高质量的空间环境,而不是一个被分割的基础设施。

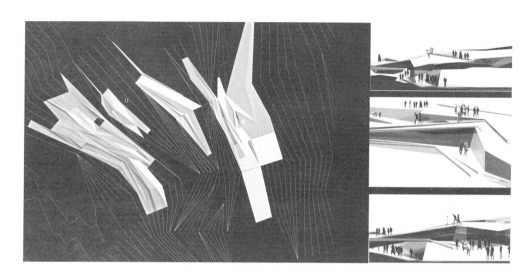

图 14.4

土地增厚,示意图,
© 2008 GroundLab
事务所

"土地增厚"以桥的形式横跨龙岗河和高速公路,从北面穿过龙岗广场,然后形成一个内部设有公共设施、地下通道和有中央商务区停车位的褶皱表面。"土地增厚"变成了一个挑战传统建筑思维或反对景观派的典型策略,它使目前未被充分利用的区域被激活,通过引入多样性的功能,高效率的秩序流线,增加该区域的人口密度和使用频率,整体提升周边土地的价值,开放空间的使用率和街区的活力。

图 14.5

土地增厚,鸟瞰图,
© 2008 GroundLab
事务所

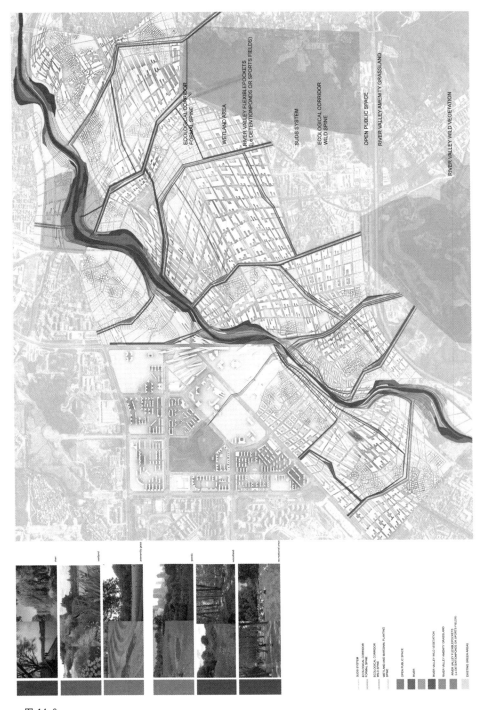

图 14.6

基础设施景观,总体规划,© 2008 GroundLab 事务所

基础设施景观

　　龙岗河位于城市的核心地带,但却被当作露天排污管道而与城市完全割裂开来。我们利用这个矛盾的条件提出治理河流的景观策略,希望以此带动沿岸及周边地区的振兴,同时融入城市环境,推动景观设施、绿色空间以及河流水域成为一个互动互联的系统。

　　沿河的基础设施设计将作为一个锚固点,整合水域清理、雨水收集和防洪绿地、生态廊道、公共开放空间、体育活动场所和休闲区域。这等同于从河流到城市结构的可持续排水系统的集成网络。该网络汇集和分流暴雨,使其在城市不同的区域中发挥各种用途。通过支流调整不同的条件和需求,这个网络在城市的不同范围及不同部分拓展了河流再利用的效益。

图 14.7

基础设施景观,分解图,© 2008 GroundLab 事务所

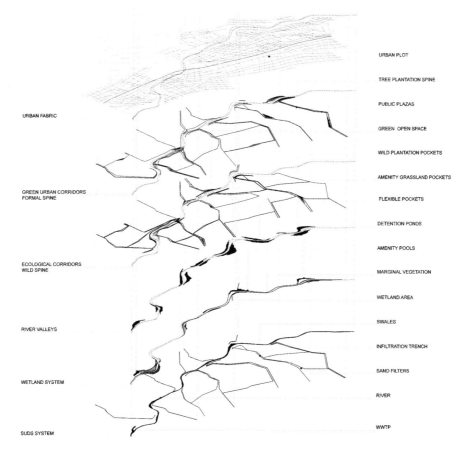

URBAN FABRIC

GREEN URBAN CORRIDORS
FORMAL SPINE

ECOLOGICAL CORRIDORS
WILD SPINE

RIVER VALLEYS

WETLAND SYSTEM

SUDS SYSTEM

URBAN PLOT

TREE PLANTATION SPINE

PUBLIC PLAZAS

GREEN OPEN SPACE

WILD PLANTATION POCKETS

AMENITY GRASSLAND POCKETS

FLEXIBLE POCKETS

DETENTION PONDS

AMENITY POOLS

MARGINAL VEGETATION

WETLAND AREA

SWALES

INFILTRATION TRENCH

SAND FILTERS

RIVER

WWTP

完整的景观网络为城市创造了一种新体系,它将开放空间与基础设施以及河道与其他项目结合起来。该策略在城市中产生了积极的生态效应,现有河流不仅作为一种审美元素,更是作为一种对当前和未来城市有积极影响和重要贡献的策略。

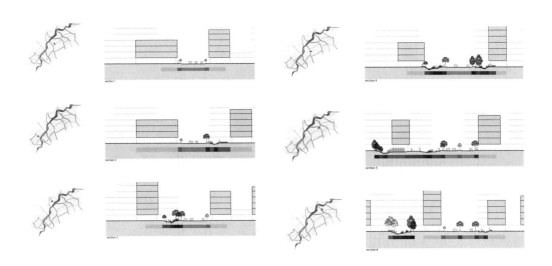

城市村庄

城市村庄是开启和发展"厚土"项目的关键。城市村庄属于城市类型学范畴,见证了中国许多城市的快速发展和历史变迁,在龙岗这一特征尤为明显。同时,在政府层面正在进行城市村庄的相关研究,以及其在中国城市环境中耐久性的讨论,在这个特殊案例中,地方当局的土地利用总体规划建议拆除该地区所有的城市村庄。然而,从我们的角度来看这些"传统"的飞地(指被包围的领土)型区块呈现出某些自上而下的保守主义的特质。城市村庄孕育了以步行为导向的都市主义,基于现存的生活习惯,该区域具有强烈的特性,城市村庄的步行距离与尺度会产生一种内在的生态环境,这种环境建立并加强了居民之间的联系,产生了社区间的认同感。因此,我们对现存村庄进行了一项调查,用以评估这些村庄在物质和社会方面的现状,通过量化比较,鉴定哪些应该保留,这也是我们整体方案的切入点之一。

图 14.8

基础设施景观,示意剖面图,© 2008 Ground-Lab 事务所

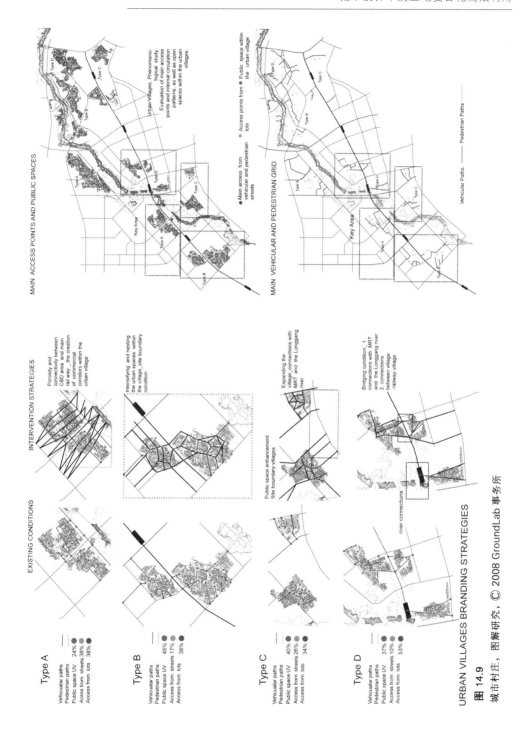

MAIN ACCESS POINTS AND PUBLIC SPACES

Urban-Villages, Phenomeno-logical study

Evaluation of main access points and internal circulation patterns, as well as open spaces within the urban villages.

● Main access from vehicular and pedestrian streets   ● Access points from ● Public space within the urban village lots

MAIN VEHICULAR AND PEDESTRIAN GRID

● Access points from ● Public space within the urban village lots

Vehicular Paths ——— Pedestrian Paths

EXISTING CONDITIONS   **INTERVENTION STRATEGIES**

Porosity and connectivity between CBD area and main rail way _ the creation of commercial corridors within the urban village

Intensifying and nesting the urban spaces within the village_site boundary condition

Expanding the village_connections with MRT and the Longgang river

Public space enhancement Site boundary villages

Bridging condition_1. connections with MRT and the Longgang river 2. connections between village -railway -village

river connections

Type A
Vehicular paths
Pedestrian paths
Public space UV   24%
Acess from streets   38%
Access from lots   38%

Type B
Vehicular paths
Pedestrian paths
Public space UV   45%
Access from streets   17%
Access from lots   38%

Type C
Vehicular paths
Pedestrian paths
Public space UV   40%
Access from streets   26%
Access from lots   34%

Type D
Vehicular paths
Pedestrian paths
Public space UV   37%
Access from streets   10%
Access from lots   53%

URBAN VILLAGES BRANDING STRATEGIES

图 14.9

城市村庄，图解研究，ⓒ 2008 GroundLab 事务所

所有的步行网络、公共和私人空间分布、辐射半径、联结节点的频率等,在宏观尺度上被视为具有更宽泛的集合,在微观尺度上巩固和提升空间品质。

参数化模型

与这些策略同步,我们开发了一个参数化模型。一方面对建筑物的 3D 模型进行大量模拟测试,另一方面提升设计决策过程的兼容性,以促进客户、利益相关者、开发商、建筑师等各方之间的沟通。

通过参数化模型,我们认识到在一个特定条件和策略框架范围内,设计工具能够全程应对和调整大量处于波动状态的数据。GFA、密度、预计人口数量等这些控制全局的数据经过反馈,用于规划和评估一系列的城市模式,同时研究其在空间布局方面的影响。

图 14.10
参数模型,体块重复研究,© 2008 GroundLab 事务所

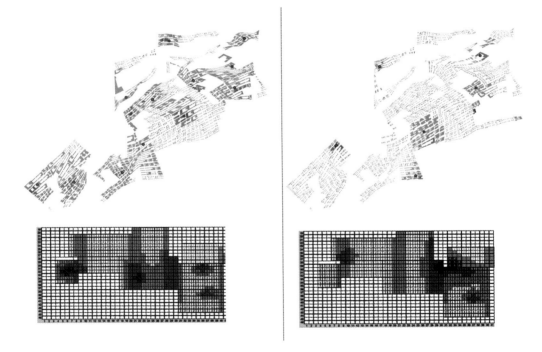

与此同时,参数模型包含一个兼容性的决策过程,即在方案的调整过程中,从内在影响到总体方案可以融合为一个重复的过程,以得到不同的方案。这样使得那些发生变化的客户需求或方案要

求,如中心强度的重新分配或建筑物的总体数量,可以被修改以得到一个不同却相关的城市布局方案,所以接下来对城市结构和建筑品质的探讨可以在设计过程的任何阶段提出。

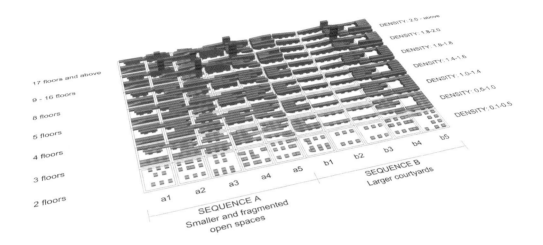

图 14.11

参数模型,体块参数,
© 2008 GroundLab 事
务所

参考文献

Castro, E., Ramirez, A. and Spencer, D. (eds) (2011) *Critical Territories : From Academia to Praxis*, Barcelona: Actar: 6.

Spencer, D. (2010) *Opening Remarks* for AALU Open Day at the Architectural Association, London, 3 November.

15

建筑环境设计与通信设计：
移动资讯文化与城市

Andrew Morrison and Henry Mainsah

背 景

简 介

数字媒体已经从台式机和分布式网络通信的形式，向移动无线技术和流行文化以及专业用途方向迅速发展。越来越多的消费者和用户参与到现在已被广泛认知的社交媒体生产研发中。在其中我们已经看到了广泛的应用前景。这些社会交互性媒体，从最初的广泛调节模式向动态应急通信模式转移(Jenkins 2006)。移动技术的发展产物，例如全球定位服务(GPS)、蓝牙协议和射频识别技术(RFID)，使在社会媒体中融入地理信息成为可能。这主要对在建筑环境中的地点、空间、叙事中移动数码技术和协同表达的使用产生影响。(Morrison et al)

在城市环境中，数码相机和智能手机已经广泛普及。在著名景点奥斯陆歌剧院(Snøhetta 建筑事务所设计)，无论是什么季节，游客在坡道上慢步或匆匆而行，爬上它的大理石屋面，在边缘位置坐下(图 15.1)。人们在那里驻足、拍照、接电话和看短信。人们的移动生活在这个开放的公共歌剧建筑中，已然是人文风景的一部分。

诸如此类的影响已经在社会媒体的形成和城市生活中蔓延开来(Galloway 2004)。对此的理解需要综合考虑城市环境中的通信与居民的生活经历(Léfèbvre 1991/1974)。第一，社会媒体越来越空间化和定位化；第二，在"场所知觉媒体"中我们已经有将空间和

图 15.1

玻璃和大理石相结合，
形成人们活动的公共空
间（奥斯陆歌剧院）

拍 摄： Jens-Christian
Strandos

地点结合的经验；第三，这种结合方式实现了社交媒体定位工具的
社会用途，就好像在物理环境和数字环境间切换一样；第四，对于
大部分人来说，对于定位终端的使用和实践与移动网络提供的定
位服务或应用种类息息相关，总之这些是已经设计出来的"工具"；
第五，商业服务（通常功能很有针对性）和游戏应用程序（机械性地
为了在竞争中获胜）也在城市日常生活中影响了我们接受和使用
定位媒体工具；第六，与游戏不同的是，定位媒体将文化因素融入
其中，"可玩的故事性"（Ryan 2009），将早期概念和概念化的城市
设计想法（Blum 2003）结合起来进行设计，是具有创造性的，同时
具有结合叙事性的体验。

　　社会媒体工具和应用软件（如苹果的 App Store）的通信设计
需要注意定位媒体和建筑环境的结合。总体来说，应用程序是一
种考虑到我们在城市生活中的方方面面的构建工具（Mitchell
2005；Shane，McGrath 2005）。然而在设计研究和分析中，往往对
它们很少关注。这种应用程序也被开发用来增加人们对城市的了
解。在本文中，我们着重考虑为了建立移动虚拟网络所需的情境
支持的设计。我们将注意力集中于属于主导地位的定位媒体和城
市的虚拟叙事，作为一种超越位置上的信息和服务功能。通过城
市和城市景观的意象，我们将定位技术应用到移动虚拟网络的通
信设计中。

　　我们着重研究了一个与地域文化结合的虚拟通信定位软件的发展，以奥斯陆的成年非洲移民为使用者。在研究的过程中通过设计逐渐增加了工作量(Morrison 和 Sevaldson 2010)。在一个研究中需要结合多种研究方法，比如对已知的和新兴的实践研究，对已有的研究分析和新兴的反应分析等。我们认为，在设计研究的各个领域已经形成的设计研究方法可以与通信的设计研究相结合。通信设计需要超越早期的框架，形成图形和视觉实践密切结合的设计(Frascara 2004)。通信设计的研发框架不断融入设计因素，将技术、多通道媒介、媒体类型和文化背景在应用上融合设计。将设计的重点放在文化和媒介表达设计方法上，主要是为了保障交流环节的准确性(Morrison 等 2010a；Morrison 2010)。

关键问题

　　鉴于这些"关键点"，在接下来的阶段，我们在通信设计、定位媒体、叙事性和建筑环境方面提出了很多研究中的关键问题：如果以通信设计的角度看，在定位媒体和城市研究中什么是其关键组成部分？ 在哪些方面以想象力和虚拟环境为角度的开发可以对于城市空间营造、身份信息确认、特色服务提供起到促进作用？ 在建筑环境设计中，如何利用一个发展的有叙事导向的通信设计过程和已经完成的产品帮助我们了解定位的媒体的类型和运作"平台"？

　　我们带着这些问题，通过研究实验的产生基准和分析研究的框架，进行具有趣味性的 NarraHand 应用的通信设计。这款应用程序位于移动网络的子域上(Rushton 2010)。这是专为带有 GPS 功能的智能手机设计的。这个应用程序是一个由程序员、媒体、叙述体、文化体、计算专家的小组经过协作，通过有发展性的通信设计过程开发的。这个团队邀请由学生、政府工作人员、研究人员组成的一小群实验者配合工作。研发小组通过迭代设计过程开发出应用程序，首先作为原型安装在当时领先的带有 GPS 功能的 No-kia N95 手机上，后来成为一个功能完备的 iphone 应用程序。

动　机

　　直接来说，NarraHand 的设计侧重于为奥斯陆的非洲移民在手机上提供文化的表达。非洲的成年人是设计过程中的一类分级;两位作者全程参与了试验、编写和研究。尽管到奥斯陆来的非洲移民来自非洲大陆的不同地区,但是他们都有以下共同点:经历过迁徙、需要重新定居、思乡和迷失。对于他们的描述词一般是"黑人""非洲人""移民"和"外来者",往往处于越来越负面的、刻板的、排外的公共言论中。这就使自我情感表达的替代空间变得至关重要。正是这种原因,我们的项目致力于使奥斯陆的非洲人通过可以表达情感的移动应用增加自我存在感,参与并在一定程度上享有已建立的文化公共场所。

我们已就如何对定位媒体和后殖民性等问题有一个更广泛的理解开展了研讨(Mainsah 和 Morrison)。我们在 NarraHand 叙事性表达关联度的设计上研究了身份、感受、性格等问题。我们早期将重点放于定位系统和通信情境支持的联合设计上,那时在手机上还没有触屏技术(Morrison 等)。在这里,我们通过设计和相关研究,提升 NarraHand 的交际情境支持和作为通信构架的潜质,将这些增加到城市研究和定位媒体的位置表达上。在下一环节中,我们对定位媒体和城市环境进行更广泛的研究阐述,对表述行为的功能和一些相关的工具进行设计,并实施一些鼓舞人心的项目。

场 景

在媒体城市的背景下

在城市空间中,新的复杂性的文化交流正在数据洪流和具有代表性的媒介中涌现(Abrams 和 Hall 2006)。新技术有助于修复城市社会实践关系和城市基础设施。这些工具和媒介作为城市中的一员同时也作为消费者存在于我们的文化和社会实践活动中(Lash 和 Lury 2007)。他们由"真实"与"虚拟"结合而成,使我们的感觉和媒介中真实的自我实践实现互动。

Shane 把城市看作一个分层的空间矩阵。他指出城市要素是一个异位系统,城市要素的变化和重组由城市的居住者决定。这也超越了无处不在的媒体构架,向作为"媒体城市"(McQuire 2008)的城市空间进发,"媒体城市"是媒体的构架和都市空间的结合，以媒体作为中介来看待城市。这需要"网络城市，一个有网络媒介覆盖的环境"（Shane 2005：11）。这并不是一个科技上所谓"虚拟城市"的概念，在其中我们有自己的"感知"，并可以在城市环境中移动（Zardini 2005）。我们同意 Mitchell 的观点："用语言描述实物性质的电子简介，创作、支配、阅读相关性实践，创建一种新的城市信息覆盖"。需要在电子和物理的混合空间看到空间层面的社会实践，同时将材料的潜力和物理世界的限制以及现在和未来的需求结合在一起。

文化和通信设计

总的来说，在空间、地点和文化的研究中，需要在有关技术和信息方面（Lemos 2010）同时在模式、方法和语言方面理解定位媒体，简而言之，将它们看作一种介质。然而，这些介质也在建筑环境交际法则的制定和交际方式中体现着交互作用。定位媒体实际上就是一种设计工具，知道这一点尤其重要；在另一个大层面上来说，在城市背景下，定位媒体的设计影响着我们使用它们交际的方式。与此同时我们可以对定位媒体的设计进行审查和批判，在产品研发中，设计者从基于实践的调查中了解作品，此类调查也许包括生态和参与式的设计活动。

当前有关以文化特征来设计应用、平台和情境支持的社会媒体和移动通信科研著作、移动通信和电子文献并没有太大的价值。同样，对于媒介表达、通信交流的设计手段的研究也很片面，和"新"媒体与电子科技方面的研究密切联系的交互设计，表现得也不尽如人意。有关电子叙事性的写作方式扩展到了能使计算机生成讲稿或处理文本的可视性造句方式。同时也出现了手机游戏设计研究文献（Mäyra 和 Lankoski 2009）。

从人文主义的观点来看，在这些研究上，早期的学者如 Murray（1997）、Ryan（2004）、Hayles（2008）更受支持，但是其研究普遍没有与其他学科或文化基础形成紧密的连接框架，也没有在交际使用的设计层面上做交互性研究。关于媒介特性方面的重要文献依然很少，媒介特性应是关于移动媒体观念中的中心问题，"迁移"在设计中需要被"表达"出来，这种表达应包含对移民媒介设计新生活的设计过程中。

定位社交媒体应用设计

移动媒体的迅速发展也给设计师带来了挑战：该如何为移动、无线和分布式使用设计空间、工具和"交际情境支持"（Knutsen 和 Morrison 2010），也就是身份的确认和情感的表达。为智能手机开发的"应用程序"，在功能和信息上囊括了很多需求和领域，比如天气预报和新闻，在社交网络工具范畴，如 Facebook Mobile，还有许多基于定位功能的游戏等。有关交际和文化设计的移动媒体应用和服务的研究很少；许多出版物可以利用博物馆里或日常生活中的移动媒体被找到，比如《对短信的研究》。Mitchell（2005：11），提醒我们："生活性应用和使用性应用，文本性应用和消费性应用，不应被归列为不同的功能分类，应该被理解为同一系统的不同部分。"

研究表明定位媒体趋向于关注服务性、功能性、艺术性和游戏性。因此，情境支持、限制条件、硬件和软件开发的约束经常被忽略。但是，研究也开始出现在设计导向的问题上。这包括有定位功能的游戏（Nova 和 Girardin 2009），通信设计中将行为表述用于社交媒体服务设计中，如奥斯陆日历和网络社交软件服务 Underskog（Undergrowth，Morrison 等 2010b），通信设计在绘型工具上的应用，可以在定位系统中进行身份表达（Morrison 等）。

实践性的工作和项目

我们列出了一系列应用定位媒体的项目，并不是所有都有表述性基础，这些项目涉猎广泛，在 NarraHand 的设计中获得启发，在实践中设计，并将经费投入数字公共空间设计。在地理信息定位方面，在 MILK 项目中（www. milkproject. net）设计师研发了一个在个人和工业角度具有多个层级的网络，该网络很具有代表性并基于 GPS 服务使用，运作于拉脱维亚和荷兰的乳制品贸易工人和销售者之间。这样一个个人和空间的映射同样在 Biomapping 项目中开展，此项目由 Nold 将身体数据信息和地理数据相结合设计。就定位的种类、注释和测量精度而言，Layar（www. layar.

com)是一个领先的应用,它允许在物质世界中,在有智能屏幕的终端上可以进行基于位置的标记。在可以表示位置信息的游戏中,爆炸理论(www. blasttheory. co. uk)已经具有影响力(Uncle Roy All Around You)。近阶段,社会中带有定位功能的网络应用已经遍地开花。例如 Foursquare(http://foursquare. com)。

将这些发展结合起来看,也许会看到这和特征上明确的表述性有关。[murmur]是由 Micallef 和他的同事(http://murmur. info)使用音频打造的纪录片,这个纪录片音频来自当地居民的手机振铃,每个手机铃声代表不同的位置。34 North 118 West(http://34n118w. net),使用 GPS 探索和佐证早期洛杉矶的一部分工业历史,结合了虚拟性和现实性。Textopia(http://textopia. org)将在奥斯陆以地点为基础音频描述作为主题,借助维基百科允许参与者直接浏览文学文本,添加自己的评论、注释和文稿。

Morrison 曾经完成一个将个人感受和虚拟网络相结合的项目 Just Eating The Progressing,该项目在一个非洲的首都城市进行,以受过高等教育的人文科学系学生为实验者,作为使其能被更多的读者接受的一种手段保证,此外还综合考虑了城市和乡村之间的文化区域差异(Morrison 2003)。NarraHand 的一个灵感来自一本由 Montfort 和 Rettberg 合著的内容曲折的小说:*Implementation*(http://nickm. com/implementation),它被制成标签,参与者将它放置在世界上的许多城市中,并在这种大范围的背景下基于位置进行拍照记录。NarraHand 在移动性叙事和定位技术的情境设计中采取这样一种想法。这是下一节中阐述的重点。

脚 本

一个发展的过程

许多定位媒体的发展都借鉴了顽皮都市的概念(Stevens 2007)。与城市规划和政策制定的工具性的或导向性的方法相对比,这是一种表现人们和城市空间环境的互动特征的重要方法。在这种结合定位技术的创造性模式下,NarraHand 把文化的表达设计放在媒介传播的情境支持设计的中心。它被设计为可以显示文本和静态影像,同时可以和定位技术的"资源"进行描述性连接,这正是我们接下来要讲的。NarraHand 应用和移动协同网络的实验性衔接,可以被看作一种和建筑城市环境有关的"云计算"的形式。这是描述远程设备上注释点与网络、服务器基础设施和服务之间抽象关系的指定名称,允许存档和读取即时信息。

NarraHand 的开发是一个迭代的过程,由来自传媒学、计算机科学、电子网络和通信设计的研究者和开发者共同设计。该项目包括协同设计、多模式的叙事性制作和跨学科研究。本文是在项目第一阶段中考虑了通信设计的几个例子中的一个。第二阶段的项目现在正在进行中,看起来更关注于实际的描述性工作、社会文化背景的组成、互动性和使用性。

界面和情境支持

我们通过在空间、地点、介质方面的计算分析,将这些研究整合成体系,将焦点集中在"可玩的故事性"上。在创建支持可玩的故事性的定位媒体技术时,我们设计了一个二层级的系统。Narra-Hand 的启动画面上有两个主要选项:背景和叙事。背景导向一个项目背景的维基百科,内含相关网站与项目的链接和一些实验的相关研究论文。当然也留出了填写评论的位置。叙事则导向实际的创作和阅读区域。在项目的第一阶段,我们专注于可结合主观感知的地图界面和叙事性的协同设计。可以用角色身份或作者身份登陆。角色可以用 GPS 地点或他们电子地图界面的定位来登录系统并获得定位标签,随后就会在选择地点标识出角色的定位标签。然后定位标签反馈回 GPS 上。按照普通的地图形式标识,或使用定位服务中被广泛使用(如谷歌地图)的信息点(POI)进行描述,随后定位标签会被自动在所选中心城市的核心地带的奥斯陆歌剧院、中心车站、码头周围的地图上标识出,呈现一个特定的图标。

在系统研发中,我们同样想借助定位媒体的潜力来设计可以描述情境设计的标签。这些都在主菜单选项中得以体现,包括个人身份、位置、时间、关系、周边、主题和评论。"个人身份"选项提供了一个指向,内有进入者的名字、位置,允许作者和读者看到定位标签的位置,和最近时间的定位标签。"关系"提供了一个相同角色信息的相关定位标签的链接。"周边"提供距离最近的定位标签,无视角色信息。"主题"允许角色用一个新鲜的词汇或从他人标记过的或系统列表中选择词汇标记一个定位标签。"评论"提供给作者和读者一个书写想法的区域。总体来说,情境支持系统的元话语可见性使作者和读者在物理环境下放置他们的位置标签成为可能,并且在形成一个新的叙事前可以充分参考最新的信息。相关标签和主题之间的链接通过人为选择和一系列的分类来实现。

标识符、地图模式和移动工具

目前的地图信息服务由合作开发公司提供,比如快速成像技术,是专门为 NarraHand 设计的,增强角色信息点(POI)的可视性,强调它们在应用程序中的重要性。信息点(POI)广泛应用于定位技术,以便于为服务、地标、活动提供方向上的引导。与其具有更多的功能特性和它们的服务由运营商和公司提供不同的是,地图信息的重点也许会放在谁和什么通过身份标识(MOIS)被标记(Mainsah 和 Morrison)。这有助于加深我们对地图定位的理解,其使用过程既是一种文化的感受,同时也具有一定的引导性。

在地图界面下面有 NarraHand 系统的字样,在"普通"模式下,有一个示意性的地图,里面有街道名称,同时主干道被突出显示。它可以称作平面视图或"2D"视图,另外在标题视图中显示了主要建筑物的大概体量和附近的主要交通。

"工具"有两个选项。应用程序有一个内置的更新功能,对以前的版本做出的改动,可通过"变更日志"选项看到。"发送地图"允许使用者给联系人名单里的人通过彩信发送设备屏幕上实时的图像。"设置"提供了几个选项:建筑标题的显示;如果 GPS 处于跟随模式,GPS 就会显示正在运行;按键功能的分配。"帮助"提供了程序使用和地图导航的说明。

这些程序开始在内置 GPS 的 N95 手机上应用,但是并没有与诺基亚公司合作。从一开始我们就计划开发一款独立的"应用程序"。这比苹果或诺基亚商业化的应用商店出现早很多。我们决定将程序移植到 iPhone 手机上,因为其具有很大的交际的潜力。这样我们就可以控制早期原型的迭代发展,使其成为更完善的应用程序。这意味着要进行大量界面修改,来迎合屏幕未来的尺寸、分辨率、内置的接口协议及情境支持。但是我们最初的动机和设计意图仍被继承下去。

定　位

重新生成城市影像

在 *African clouds over the Oslo opera* 这篇文章中,我们已经探讨了 NarraHand 的协同设计,在定位叙事媒体上创建可表现个人感觉的情境支持是其设计重点(Mainsah 和 Morrison 2011;图 15.2 和 15.3)。与其将重点放在地图和定位服务的传输上不同,我们采用了云计算的方式,并考虑了 GPS 视图与定位媒体工具的结合度。我们制造的"云"和非洲移民在应用中创作个人感受的空间和地点相关联,可以作为斯堪的纳维亚领先的文化地标:

> 如今在奥斯陆歌剧院有新的"云"出现,和挪威自然中的云不同,这种由文化凝结的"云"更加神奇、隐蔽。它们实验性地漂浮在这个令人吃惊的建筑上方,这些"云"源自非洲,它们经过设计,并且是呈数字形态的合成体。用气象学上的云作为隐喻,是科技与文化结合的产物。
>
> (Mainsah 和 Morrison)

从创作到阅读

NarraHand 项目二期,明确地将重点放在 GPS 和定位虚拟网络叙事等级的调和构建程度上。我们设计并处于试用阶段的交际情境支持将会被进一步完善。交际情境支持最终还是由个人感受的表达决定(图 15.4),虚拟网络中感受的记录需要智能手机终端,并不是在实体城市中发表看法,它和距离、关联标记、空间的叙事线索有关(图 15.5)。读者会有机会对叙事进行加工并且对歌剧院

图 15.2

NarraHand 地图界面。

地图模式的三维视图

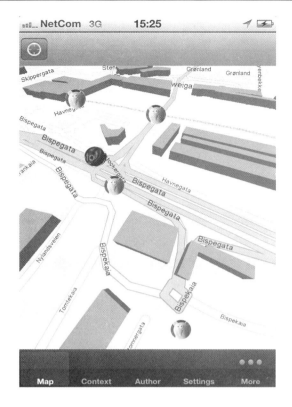

图 15.3

Henry Mainsah 用他的

角色在现场做了一个定

位标签。拍摄：Andrew

Morrison

的实体地点进行评论。每个人都会有自己的感受,因为他们曾攀爬过构筑物,也在周边休憩过。经过描述后的点在世界、空间和地点上存在交集,他们见到的角色可能来自其他地区,既离他们很近也很"遥远"。

舞 台

交流平台

建成城市环境正在快速成为一个可以满足数字技术实验以及最终满足许多日常使用的舞台。正如前文所提到的,许多产品及其提供的服务具有很强功能性的同时,其娱乐性和参与性也在使用过程中得到普及。Greenfield(2009)观察发现:

It's stinking hot. Glare dances off the building. I feel the sweat of the day behind my knees. I try not to fan my ears too visibly, giant spans of African elephant skin. Joe said he'd meet me here at 3. And I'm still waiting. My tongue's hanging out for an iced latte. Joe. Joe. Joe-no-show!

图 15.4
一个昵称为 Ella 小白象的人与他正等待见面的人用 NarraHand 在进行交流

图 15.5

Lawrence Ssekitoleko
和 Henry Mainsah 在进
行 NarraHand 测试,地
点:奥斯陆歌剧院,夏天
拍摄:Andrew Morrison

图 15.5

Lawrence Ssekitoleko
和 Henry Mainsah 在进
行 NarraHand 测试,地
点:奥斯陆歌剧院,夏天
拍摄:Andrew Morrison

如果我们做到了这一点,就可以把城市理解为一个编织体,是一个可寻址、可查询、甚至可编写的对象或界面——构想城市道路、建筑外立面、停车计时器作为网络资源——这就引发了从来没有面对的问题,兼具伦理性和实践性:谁有权力访问这些资源,或设置权限?

在 NarraHand 中我们通过研究中的通信设计协同调查来解决这个难题,涉及电子布告栏中的表格调查,露天广场上的巨型投影,此类媒体科技的调查主要在公共区域进行。我们选择了歌剧院这个新地标作为一个代表性的调查区域,调查文化移植和人们对定位媒体的感受。我们也想要通过通信设计研究过程的调查,确认传播媒介潜力的转型和定位媒体的协议可否通过定位工具的共同构建启用。

通信设计的研究方法突显了一个我们经常强调的思考,即什么是可以和设计进行链接的。这也是一个访问权限的问题,就如 Greenfield 所说。重要的是这不是一个简单的对交际资源访问的问题,因为资源是在通信设计的研究中,通过设计、合作、反复对实际使用的背景进行试验而创造出来的。在此我们需要与程序员和系统设计师紧密合作。使我们的项目看起来,可以说是,超越了单一的项目,忽略掉其合作性特点,将网络的问题加以思考,分方向进行设计。因此,基于 GPS 在项目中的应用,我们开发出了角色系统和云计算。它提供了互动性,同时为通信设计师制造媒介沟通时提供了新的手段。但是有关通信"建设平台"的问题在日后也许会出现!

图 15.6
奥斯陆歌剧院的窗户清洗和设备检验。拍摄:
Jens-Christian

　　NarraHand 是一个有关流派和移动性的原始项目中的一部分。我们已经可以把重点放在叙事性的移动应用新特性上。在这里我们创造了一个术语"自反性叙事表现"来说明在随位置发表言论时,空间和地点之间的移动,同时也包括更实际的叙事(Mainsah 和 Morrison)。我们已经达到一个具体的定位叙事范畴,在 Narra-Hand 上由通信设计的经历做出的研究和结果带领我们前进,我们也把它看作一种启发式的理解和定位媒体类型中的建筑流派。

脚手架式的铰接潜力

　　社会行为中流派的概念(Miller 1984;Yates 等 1999)在相关研究实验中是很重要的,在通信设计过程中使我们对位置有了更广泛的理解。这就可以看作在一个项目中提供了一种脚手架的网络分布形式，反映了在城市中定位媒体的通信设计的空间逻辑（图15.6）。我们采取这种做法，通过重新定向 NarraHand 中开发的"应用程序"，通过相关项目的支持进入社会媒体并且在城市中进行实验，项目名称叫作 YOUrban。Datascape 项目也有类似的想法（http：//datascape.info；Kabisch 2010），它提供以层级划分的方法观察和对城市环境进行注释。

应用这种"脚手架"式的方式，有助于提升一个应用的通信设计并且将项目推广，设计中的普遍性问题和定位媒体的"舞台"是发展的建筑环境中的一部分。我们的工作不仅仅是为了看到最终结果，建立通信设计的过程同样重要。Yaneva（2005）提出，建筑是一个"多元宇宙"；所以我们可以有创意地看待实验项目，想象在城市环境中，定位媒体的使用可以作为构建多元化的文化连接的一部分，并可以通过通信设计在未来的研究中采用多模式结合的方法进行研究。

致　谢

在此向 NarraHand 项目的参与者表示感谢，感谢 Jonny、Aspen 这两位评论家的评论。NarraHand 是由挪威研究委员会 VERDIKT 计划（注：VERDIKT 计划：发展信息与通信技术领域的关键技能和创造价值）资助的发明项目之一；由 YOUrban 项目推向社会媒体，并在城市环境中具体实施。（两个项目均由挪威研究委员会 VERDIKT 计划资助）

参考文献

Abrams，J. and Hall，P. （eds）（2006）Else/Where：*Mapping NewCartographies of Networks and Territories*. Minneapolis：University of Minnesota Design Institute.

Blum，A. （2003）*The Imaginative Structure of the City*. Montreal：McGill—Queen's University Press.

Couldry，N. （2008）'Mediatization or mediation? Alternative understandings of the emergent space of digital storytelling'. *New Media & Society*，10（3）：373-391.

Frascara, J. (2004) *Communication Design*. New York: Allworth Press.

Galloway, A. (2004)'Intimations of everyday life: ubiquitous computing and the city'. *Cultural Studies*, 18(2-3): 384-408.

Greenfield, A. (2009) 'Digital cities: words on the street'. *WIRED* magazine, Vol. 11. Available: http://www. wired. co. uk/magazine/archive/2009/11/features/digital — cities — words — on — thestreet (accessed 11 September 2011).

Hayles, C. (2008) Electronic Literature: *New Horizons for the Literary*. Notre Dame: University of Notre Dame Press.

Jenkins, H. (2006) *Convergence Culture*: *Where Old and New Media Collide*, New York: NYU Press.

Kabisch, E. (2010) 'Mobile after — media: trajectories and points of departure'. *Digital Creativity*,21(1): 51-59.

Knutsen, J. and Morrison, A. (2010) 'Have you heard this? Designing mobile social software'. *FORMakademisk*, 3(1): 57-79. Available: http://www. formakademisk. org/index. php/formakademisk/article/view/66 (accessed 11 September 2011).

Lash, S. andLury, C. (2007) *Global Culture Industry*. *The Mediation of Things*. Cambridge: Polity Press

Léfèbvre, H. (1991/1974) *The Production of Space*. Trans. D. Nicholson —Smith Malden, MA: Blackwell.

Lemos, A. (2010) 'Post—mass media functions, locative media, and informational territories: new ways of thinking about territory, place, and mobility in contemporary society'. *Space and Culture*, 13(4): 403-442.

Mainsah, H. and Morrison, A. (in press) 'African clouds over the Oslo opera'. Special issue in interaction and communication design: *Computers and Composition*.

Mäyrä, F. andLankoski, P. (2009) 'Play in hybrid reality: alternative approaches to game design'. In de Souza eSolva, A. and Sutko, D. (eds) *Digital Cityscapes*: *Merging Digital and Urban Playspaces*. New York: Peter Lang, pp. 129-147.

McQuire, S. (2008) *The Media City*: *Media Architecture and Urban Space*. London: Sage.

Miller, C. (1984)'Genre as social action'. *Quarterly Journal of Speech*, 70 (2): 151-167.

Mitchell，W. J. （2005）*Placing Words：Symbols，Space，and the City*. Cambridge，MA：The MIT Press.

Morrison，A. （2003）'From oracy to electracies：hypernarrative，place and multimodal discourses in learning'. In Liestol，G.，Morrison，A. and Rasmussen，T. （eds）*Digital Media Revisited*. Cambridge，MA：The MIT Press，pp. 115-154.

Morrison，A. （ed.）（2010）*Inside Multimodal Composition*. Cresskill：Hampton Press.

Morrison，A.，Mainsah，H.，Sem，I. and Havnør，M. （in press）'Designing location—based mobile fiction：the case of NarraHand'. In Jones，R. （ed.）*Discourse and Creativity*. New York：Longman.

Morrison，A. andSevaldson，B. （2010）'Getting going'-Research by Design. *FORM Akademisk*，3(1). Available：http://www. formakademisk. org/ index. php/formakademisk/issue/view/6/showToc （accessed 11 September 2011）.

Morrison，A.，Stuedahl，D.，Mörtberg，C.，Wagner，I.，Liest ?? l，G. and Bratteteig，T. （2010a）'Analytical perspectives'. In Wagner，I.，Stuedahl，D. and Bratteteig，T. （eds）*Exploring Digital Design*. Vienna：Springer，pp. 55-104.

Morrison，A.，Westvang，E. and Skøgsrud，S. （2010b）'Whisperings in the undergrowth：performativity，collaborative design and online social networking'. In Wagner，I.，Stuedahl，D. and Bratteteig，T. （eds）*Exploring Digital Design*. Vienna：Springer，pp. 221-260.

Murray，J. （1997）*Hamlet on the Holodeck*. Cambridge，MA：The MIT Press.

Nova，N. andGirardin，F. （2009）'Framing the issues for the design of location—based games'. In de Souza eSolva，A. and Sutko，D. （eds）*Digital Cityscapes：Merging Digital and Urban Playspaces*，New York：Peter Lang，pp. 168-186.

Ruston，S. （2010）'Storyworlds on the move：mobile media and their implication for narrative'. *Storyworlds*，2：101-120.

Ryan，M. （ed.）（2004）Narrative Across Media：*The Languages of Storytelling*. Lincoln：University ofNebraska Press.

Ryan，M. （2009）'From narrative games to playable stories. Toward a poetics of interactive narrative'. *Storyworlds*，1(1)：43-59.

Shane，D. (2005) *Recombinant Urbanism*. Chichester：Wiley－Academy.

Shane，D. and McGrath，B. (2005) Sensing the *21st－century City*. London：John Wiley & Sons.

Yaneva，A. (2005) 'A building is a "multiverse" '. In Latour，B. and Weibel，P. (eds) *Making Things Public*. Karlsrhue：ZKM/ Cambridge：The MIT Press，pp. 530-535.

Yates，J.，Orlikowski，W. and Okamura，K. (1999) 'Explicit and implicit structuring of genres in electronic communication：reinforcement and change of social interaction'. *Organization Science*，10(1)：83-103.

Zardini，M. (ed.) (2005) *Sense of the City*. Baden/CCA；Montréal：Lars Müller.

16

城市非物质景观的具象化研究：
以 Wi-Fi 网络为例

Einar Sneve Martinussen

图 16.1

奥斯陆某条街道上的无线网络

图 16.1 显示了在奥斯陆的某条街道上 Wi-Fi 网络的强度和可达范围。我们已经开发出一种技术来制作这样的照片，使用经过特别设计的测量杆并结合长时曝光摄影技术，使 Wi-Fi 网络强度以光柱的形式显示出来，光柱的高度表示其信号的强弱。测量杆上安装多个 LED 灯，它的作用是显示所在位置 Wi-Fi 信号的相对强度，实际测试时同时利用长时曝光技术对测量杆进行拍照，然后移动测量杆到下一个位置，再进行拍照。将所有照片进行处理、组合后就可以得到整个空间或路径上的可视的 Wi-Fi 信号强度变化情况。

本章主要通过基于实践的设计研究探讨城市无线网络的交互作用现象。运用交互通信设计中的工具和方法，研究小组研发了可以使无线网络信号强度可视化的仪器和技术。这使我们可以了解日常网络技术的空间属性、环境属性及其物质层面属性，并可以利用这些属性研究、解析使用者与网络及其相关设备的交互关系。

城市无线网络

在许多城市中，无线网络和智能手机正成为日常生活中不可或缺的组成部分。这些针对个体的技术的交互作用范围已几乎延展至整个城市，并开始影响我们对城市环境的理解和体验。相关研究已在诸多学科中开展，包括城市学（Graham and Marvin 2001）、建筑学（Mitchell 2004；McCullough 2004）、人类学（Galloway 2009）和计算机科学（Paulos 等 2004；Foth 2009）。本章将通过基于实践的设计研究方法，专注于论述和解析一些关于使用者和网络技术交互的现象，并用可视化的手段研究探索网络的物质属性。

我们许多的日常活动都基于网络技术，这已经变得很平常，比如我们会带着手机上街、去咖啡馆或者乘公交车，并利用在线地图、GPS 或者公共交通信息系统来引导我们的路线。与日常生活（如购物、交通出行和社交等）相关的移动设备应用程序数量也在迅速增多，但普通消费者或建筑设计师对支撑这些新产品的复杂技术和基础设施的认识却是很模糊的。

本章将对城市常见的 Wi-Fi 网络的空间属性、环境属性及物质属性进行研究和阐释。Wi-Fi 网络（或 IEEE 802.11）是无线网络的一种标准化模式，可向有限区域内的笔记本计算机、手机或其他移动设备提供无线网络连接（Wi-Fi Alliance 2011）。Wi-Fi 网络通过高频无线电波在基站和移动设备之间发送或接收数据，基站周围形成的可以与移动设备进行双向数据传输的电磁场范围，通常被称为无线连接区域或热点。一个有效 Wi-Fi 区域的大小取决于通信基站的信号强度和移动设备的天线，一般在 30 至 100 米之间或者更大。无线网络的范围和形态也受制于对无线电波有吸收和反射效应的物理环境。这有可能使 Wi-Fi 信号在空间上的分布具有不可预测性。

因 Wi-Fi 网络的一些特性，使得它在这项研究中成为一个有趣的议题。从某种意义上来讲，Wi-Fi 已成为流行文化的一部分，已不仅仅是一项无线通信标准技术。Wi-Fi 通信基站（如无线路由器）是廉价消费产品，使人们能够较容易地创建他们自己的网络。这使得无线网络几乎无处不在（Mackenzie 2010）。Wi-Fi 网络在家庭、办公室、企业及公共机构中相当普及。这些网络不断地向环境中发出无线电波，这些无线信号在大部分情况下应该是可以被检测和辨识的。在公园、咖啡厅或在自己的公寓里，如果你能找到一个没有密码保护的网络，或者你知道密码，就可以连接网络。在同一地点，可能会发现多个 Wi-Fi 无线网络，大部分使用者都应该有这种经历，因为他们可以通过手机或计算机的无线网络资源列表观察到多个网络名称。Wi-Fi 网络已成为城市中的一种资源，尤其是在咖啡馆中。咖啡馆是否有无线网络及其信号质量好坏，已经成为一些人选择咖啡厅的标准。Wi-Fi 网络在当代城市生活中扮演着很重要的角色。即使在未来几年，更好的技术和新的定价模式有可能会使无线网络被淘汰，但这项技术也是率先将网络引入城市的几种途径之一。

Wi-Fi 网络仅是令数字化现象成为城市景观组成部分的一个例子。我们被无形的技术现象——数据信号包围着，这些数据信号可能来自各种设备嵌入的传感器、蓝牙连接、GPS 卫星及其他形式的无线网络。这些技术的内在运作方式通常是不透明的或黑箱式的，但另一方面，我们又在以一种很平常的方式在日常生活中使用、体验他们。我们在进行设计工作时应考虑这些现象，因此这又凸显了进行"设计研究"的重要性。我们发现通过研发技术把无形的数字结构和有形的物理环境结合起来是一项很令人感兴趣的工作，这可以使网络的物质属性具象化。

无线网络的研究

图 16.2 显示了 AHO（奥斯陆建筑设计学院）的 Wi-Fi 网络如何延伸至邻近的公园，在天气允许的情况下，学生可以在公园内使用笔记本计算机上网。我们从图中可以看到从校园角落（右侧）开

图 16.2
大学校园无线网络延伸
穿过公园

始的一个约 100 米长的表示信号强度的竖直断面,开始位置处的信号较强,沿着公园对角线信号在一个小土丘后面消失。因测量杆的高度有 4 米,为了避开低矮的树枝,测量杆不能以直线方式行进而只能以曲线方式行进,所以信号强度的水平横截面将呈现蜿蜒的曲线形式。

测量杆自然会使人联想到传统的地理勘测者所使用的标杆。我们的设备和技术是用于测量调查我们周围的非物质景观——无线网络信号,并将其可视化。Mitchell 将这种数字网络景观描述为一种复杂且不可见的"电磁地形",只有天线可以察觉它的存在(Mitchell 2004:55)。"描绘"不可见的技术现象或使其可视化的工作,在设计学、艺术及技术研究等的交叉领域中一直都在进行。我们的设计研究是受前人工作的启发,如 Dunne 和 Raby 的"可调谐的城市"(1994—1997)和他们对于"赫兹空间"的讨论(Dunne,2005;Dunne 和 Raby,2001),Jarman 与 Gerhardt 的"磁场电影"(2007),Chalmers 与 Galani 的有关无线网络物质性的讨论和他们"接缝设计"概念(2004)。本章所进行的研究工作也基于另一项我们所开展的关于 RFID(无线射频识别)物质属性可视化的研究成果(Arnall 和 Martinussen 2010)。

我们的无线网络信号强度图片是利用 Wi-Fi 测量杆上的灯光

结合长时曝光摄影技术制作出来的(图 16.3)。测量杆是为使 Wi-Fi 可视化而特别设计的,它的电子元件、程序代码及拍照效果都经过了多次反复测试。Wi-Fi 用户可以从他们的移动设备上看出无线网络信号的强弱,一般显示为一个四格的柱状图。我们通过测量杆测量网络信号强弱的方式与智能手机类似,但它可以显示更多的细节。测量杆上安装 80 个白色的 LED 灯,两个一组沿 4 米长的木杆竖直排列。这意味着我们可以用 40 个级别来显示信号强度,使我们可以详细了解从 0 到 4 米的竖直高度范围内的无线网络信号强度情况。将无线信号强度以这种大尺度的形式显示出来,是考虑了建筑的尺度,拍照时使其能尽量包含在同一个画面中。

图 16.3

在室内检测 Wi-Fi 信号

Wi-Fi 测量杆是一个由电池供电的独立设备,主要由三个部分组成:一个 Wi-Fi 模块、一个微控制器和 LED 灯组。Wi-Fi 模块相对较小,类似在智能手机上使用的那种。微控制器又被称作 Arduino(一个开放源代码的软硬件平台),用于样机研发,允许用轻量型编程语言(如 Jara Script)编写我们自己的代码。编程后的微控制器可使用 Wi-Fi 模块扫描特定的网络环境,测量网络信号的强度。然后,再将测得的信号强度转换成 40 组 LED 灯中亮灯的数量(图 16.3)

在现场进行 Wi-Fi 网络环境的检测时,设备的反应速度受制于一些影响因素,如可用的网络数量与 Wi-Fi 模块的计算速度。我们通过编程将信号强度测量的扫描周期设定为每三秒一次,再将各位置的测量结果进行适当处理,得到网络信号的可视化图像(图

16.4)。在选定的区域内，如果测量杆的速度保持为每三秒移动一米，则每经过一米就会得到一个 Wi-Fi 强度读数。这样，若预设每段测量距离为 100 米，则在每 100 米距离内 LED 灯将因信号强弱或开或关，从而得到的信号强度影像是一条虚线而不是实线。这种效果将能生成半透明的截面。因此，在真实的实际环境中且在不必遮盖背景环境的情况下，通过图像形式将无线网络可视化是可能实现的(图 16.4)。

图 16.4
用经过线性转换的虚线形式表达的网络信号强度截面

当对移动的测量杆进行拍照时，我们使用一种称为"光绘"的摄影技术。光绘摄影是指直接利用移动光源在黑暗环境中进行长时曝光拍照而"绘制"出影像的摄影方式。光绘摄影具有摄影和艺术的双重历史背景，如比较早期的 Man Ray、Mili 及 Picasso 的作品(Baldassari 1997)。光绘摄影技术在早期也曾被用于分析运动，例如，Gilbreths 关于工作过程的研究(Marien 2006)。光绘摄影技术可用于将不可见现象(如 Wi-Fi)可视化，是因为它具有以下几个特点。首先，它允许我们将物理环境和光绘画面结合在一张照片中。这意味着发生在物理空间中的无线网络的细节特点可以被捕获。这种可视化影像使无线网络这种现象空间化了，也通过使无线网络情境化而赋予其物质属性。第二，光绘摄影的过程要求我们为揭示不可见的无线网络而研发专用的设备，去寻找并拍摄城市中的这些网络。也可以说，这个研究过程是以寻找、揭示的方式使 Wi-Fi 网络具象化的一种方法。这种基于实践的设计研究需要交互设计、电子设备的研发、城市和建筑摄影及现场勘测的相互结合。

现场研究

图 16.5 示出的是测量杆正被移动穿过 AHO 前面的广场。我们可以看出从楼里出来的 Wi-Fi 信号强度的变化，同时也能看到测量杆操作者的模糊影像。这使我们对可视化影像规模和设备尺寸有了一定的认识。可视化工作起码需要三个人协同工作才能完成：一位摄影师、一位测量杆操作者和一位指挥者，指挥者的作用是指引测量杆操作者保持测量杆平衡并保证 LED 灯朝向相机。如同其他技术性和摄影类工作一样，测量杆也需具有适应户外工作的必备性能。测量杆有手柄、一个使其保持直立的肩托及保护电子器件的防水外壳，而且在杆中间有一个铰链使其更容易被运送。LED 灯和电子器件使用无焊微型螺钉固定在杆上，这种固定方式可以保证在现场可以对测量杆进行快速的维护和修理。杆是为户外工作特别设计制作的。我们围绕着奥斯陆市中心的 Grüerløkka 展开调查研究，其中包括居住区、教育机构、咖啡厅和商店。

图 16.5

带着 Wi-Fi 测量杆行走

　　当我们带着设备穿越大街小巷时，我们也不断地用智能手机扫描网络，寻找有趣的网络位置。智能手机给出的列表说明无线网络的密度很高，几乎到处都有 Wi-Fi。我们拍摄的网络照片一般都与图 16.6 所示的相似。从图 16.6 可以看到一个无线网络从某公寓延伸出来的情况。尽管我们从这个网络中接收到的信号不是很强，但它却穿过街道，延伸进了树丛中。我们又沿着这栋公寓的外立面移动测量杆，从不同的角度拍摄这个网络，可以看到公寓周围人行道上的信号强度分布（图 16.7）。相比于从公寓里"钻出来"的家庭无线网络信号，大型机构无线网络的可视化效果大大不同。

图 16.6

一个家庭无线网络延伸至户外

图 16.7

一个家庭网络沿着人行道的分布

　　图 16.8 示出了 AHO 外部的 Wi-Fi 网络信号强度，从左边的图书馆传出到达右边的阿克塞瓦河。该图像使我们对这栋建筑发出的数字信号所波及的范围有了一定的认识，也可以看出开敞的公园究竟能让 Wi-Fi 信号传播多远。

图 16.8
一个大型机构的无线网络穿越公园后进入河中

　　Wi-Fi 网络在奥斯陆的 Grünerøkka 几乎是无处不在，但网络之间存在明显差异。网络的信号强度、稳定性及覆盖范围不仅会透露一些关于他们主人的信息，也可以了解一些网络所在的建筑环境的信息。AHO 附近的开放性公园是一个例子(图 16.8)；另一个例子示于图 16.9 中，一堵又高又长的砖墙使无线网络产生了阴影效应。

　　这个网络来自墙左边的 KHiO(奥斯陆国立艺术学院)。砖墙吸收了部分来自 KHiO 基站的无线信号，导致在墙的右侧产生了一个小阴影。城市景观、建筑类型和建筑材料决定了网络在环境中的传播方式。这表明在城市环境中，这些技术现象与具体环境相关，同时又有各自不同的表现。

　　与之相关的一个问题是网络信号应向哪里传送以及应向什么样的使用者传送。就 AHO 的网络而言，它能覆盖邻近的公园，AHO 的学生可以在季节允许时在公园里使用无线网络。而对于其他人，这个网络既是不可见的也是不可用的(因为它设有密码保护)。

图 16.9

砖墙使无线网络产生了
阴影

　　图 16.10 显示了同一 AHO 网络如何覆盖了附近的一个街道和繁忙的公交车站。我们得到了一个不可见的数字信号结构（无线网络）与可见的公共交通的基础设施叠加在一起的图像。公交车站的网络环境（非预先设计的）允许 AHO 的学生和员工在候车时获得上网接口。这里的无线网络连接了半私人性的室内工作空间与室外的公共交通环境。说明了无线网络如何以虚拟的方式且又事实上连接了不同的环境和场所。

图 16.10

公交站和 Wi-Fi 网络

　　我们与网络设备交互的这种现象是很复杂的，且往往是黑箱式的。Latour 将黑箱描述为："技术工作因其自身的成功，却使其本身被隐藏起来了"(1999：304)。当技术有效地工作时，我们就只关注它们的输入和输出了，而其内部的复杂性变得不透明或被遮蔽了。有趣的是，Wi-Fi 网络既是实体上不可见的，同时对大部分使用者来讲，对其技术层面的理解也是晦暗朦胧的，这使得它们在多个层面上呈现黑箱特性。移动设备所需的基础设施、数据传输及电磁场的技术性能水平是复杂而且难以理解的。但是，我们对这些技术的物质性、交互性方面的理解同样是不透彻的或模糊的。它的物质属性在设计研究中尤其重要，因为它不仅与这项技术本身及其基础设施相关，作为一种空间的、物质的和交互的现象，也会关系到人们如何体验它。通过拍摄和图像处理，我们揭示了 Wi-Fi 网络的一些特性，使它可以作为一种空间和情境现象被理解。这个可视化过程展示了数字信号结构与实体环境如何交织构成了城市景观元素。这也说明了我们与移动设备、网络之间的交互是日常城市生活的组成部分。

讨论与总结

　　我们开展的关于无线网络的调查研究和可视化工作，致力于在多个层面上解析、讨论在城市环境中与设备交互而形成的这种非物质景观。首先，探讨了无线网络的物质层面属性，在前文中展示了网络现象如何被具象化、Wi-Fi 网络如何成为城市景观的一部分以及网络是怎样受环境和空间形态影响的。其次，网络具象化的过程也可以被用来从概念性上说明如何将这种交互性的、技术性的生活现象与技术本身宏观性地联系起来。

　　城市生活中的数字技术的具象化是一个新兴的研究领域，它跨越多个学科，有广泛的研究主题，包括设备、服务与基础设施的开发以及技术如何影响城市生活的相关研究等。本章所涉及的设计研究即在此范围内，且特别涉及了新兴技术开发研究的一些重要观点。

　　我们的研究表明，Wi-Fi 网络具有高度的区域性、随意性及分散性,研究同时也阐明了这些网络如何构成了高度进化城市的一种基础设施,且这些基础设施是由它自己的用户创建的。这也可与某些研究联系起来,如 Bell 和 Dourish 认为,在城市体验中,计算机、数字网络及城市环境可以被理解为互相交织的不同"层":

> 新技术的发展空间是动态的、不统一的、非特定的。技术可以动摇、改造这些技术的交互,但永远只能是局部的。数字技术仅是原本已很密集很复杂的城市环境中的另外一"层"。
>
> (Bell 和 Dourish 2004:2)

Bell 和 Dourish 认为,在城市中,设计不应只针对物质环境设置,同时也应考虑其中发生的行为和活动,以及这些方面如何进化发展(Bell and Dourish 2004:2)。他们在计算机研究及人机交互作用(HCI)方面提出了重要的观点,通过对设备和网络日常使用的研究,提出了技术发展的新途径,即应将更多的注意力放在目前"杂乱无章的日常生活"上而不是展望未来完美的基础设施(2007:131)。

类似的观点也在与日常生活和技术相关的城市研究、文化地理学中出现。Crang 等学者(2007)探讨了人们如何通过数字网络和通信技术来重塑日常生活,以及如何将信息景观和日常生活协同演化。他们做了详细的人种学研究,用于论证技术适应的城市转变涉及"新的实践活动及新的各种可能性与旧有的方式及持续性的需求之间的层化、交织和堆叠"(2007:2407)。Crang 等学者讨论了与新技术的交互行为如何在已常规化的实践活动中发生。本文所展示的无线网络的可视化方法,可作为将 Crang 等学者讨论的问题空间化的一种手段。通过可视化手段,可以认识 Wi-Fi 这种技术现象如何存在于既有空间中以及如何穿越城市环境,或像 Bell 和 Dourish(2007)说的那样,无线网络是杂乱的日常生活的另一个组成部分。

建筑师 Malcolm McCullough 持有类似观点,认为对于城市信息化生活的研究的重点,应从宏观的基础实施向微观的个人转移,应遵循自底向上的原则(2006:29)。

以上这些观点虽来自不同的背景,研究目的也可能不同,但都有一些共同的核心问题。这些研究都是基于对技术问题的探讨而开展的,这已成为城市数字技术领域的主流研究方向,并且正进一步发展,例如,试图论证同数字技术之间的交互如何以不同的方式与我们日常生活交织在一起。重要的是,这些研究从城市日常活动和环境出发,推进了我们对技术的理解。

在本章中,我们研究了日常环境中的网络化城市生活现象。通过对无线网络现象的可视化、空间化,我们实现了将构成城市景观的不可见技术现象的具象化。在这项研究中,我们提出了这种与日常生活紧密联系的技术的解析、研究方法,并进行了实地测试研究。审视并关注我们居住的"充满了"网络和数据的建筑环境,这或许是理解网络化城市的一个必然途径。这有可能为探讨、研究我们同设备的交互与我们同城市的交互二者之间的关系指明了新的方向。

致　谢

本章所介绍的工作是与 AHO 的 Jørn Knutsen 与 Timo Arnall 合作完成的。这项工作得到了 Andrew Morrison 的支持,以及 Research Council of Norway 的 VERDIKT 计划中的 YOUrban 项目的资助。想了解这项工作更多的细节及更多的相关文献,请访问该项目的网站:yourban. no。

参考文献

Arnall,T. and Martinussen,E. S. (2010). Depth of field-discursive design research through film. *FORMAkademisk*,3(1):100-122.

Baldassari,A. (1997). *Picasso and Photography:The Dark Mirror*. Paris:Flammarion.

Bell,G. and Dourish,P. (2004). Getting Out of the City:Meaning and Structure in Everyday Encounters with Space. Workshop on Ubiquitous Computing on the Urban Frontier (Ubicomp 2004,Nottingham,UK),

Bell,G. and Dourish,P. (2007). Yesterday's tomorrows:notes on ubiquitous computing's dominant vision. *Personal Ubiquitous Computing*,11

(2)：133-143.

Chalmers, M. andGalani, A. (2004). Seamful interweaving. *In Proceedings of the 2004 Conference on Designing Interactive Systems Processes, Practices, Methods, and Techniques-DIS '04*. Cambridge, MA, 243.

Crang, M., Crosbie, T. and Graham, S. (2007). Technology, Time-Space, and the Remediation of Neighbourhood Life. *Environment and Planning A*, 39(10)：2405-2422.

Dunne, A. (2005). Hertzian Tales：*Electronic Products, Aesthetic Experience, and Critical Design*. Cambridge, MA：MIT Press.

Dunne, A. and Raby, F. (1994-97). *Tuneable cities*. Available：http://www.dunneandraby.co.uk/content/projects/67/0 [accessed 13 January 2011].

Dunne, A. andRaby, F. (2001). *Design Noir：The Secret Life of Electronic Objects*. Basel：Birkhäuser.

Foth, M. (ed.) (2009). *Handbook of Research on Urban Informatics*. Hershey, PA：Information Science Reference, IGI Globale.

Galloway, A. (2008). *A Brief History of the Future of Urban Computing and Locative Media*. PhD. Carleton University Ottawa, Ontario.

Graham, S. and Marvin, S. (2001). *Splintering Urbanism：Networked Infrastructures, Technological Mobilities and the Urban Condition*. London：Routledge.

Jarman, R. and Gerhardt, J. (2007). *Magnetic Movie*. [Film] Available：http://www.animateprojects.org/films/by_date/2007/mag_mov [accessed 13 January 2011].

Latour, B. (1999). *Pandora's Hope：An Essay on the Reality of Science Studies*. Harvard, MA：Harvard University Press.

Mackenzie, A. (2010). *Wirelessness*. Cambridge, MA：MIT Press.

Marien, M. W. (2006). *Photography：A Cultural History*, 2nd edn. London：Laurence King Publishing.

McCullough, M. (2004). *Digital Ground：Architecture, Pervasive Computing, and Environmental Knowing*. Cambridge, MA：MIT Press.

McCullough, M. (2006). On the urbanism of locative media [Media and the City]. *Places*, 18(2)：26-29.

Mitchell, W. J. (2004). *Me++：The Cyborg Self and the Networked City*. Cambridge, MA：MIT Press.

Paulos，E.，Anderson，K. and Townsend，A.（2004）. UbiComp in the urban frontier. *Human-Computer Interaction Institute*. Available：http：// repository. cmu. edu/hcii/213 [accessed 25 May 2010].

Wi-FiAlliance.（2011）. *Five Steps to Creating a Wireless Network*. Available：http://www. wi－fi. org/knowledge_center/kc－fivestepsforcreatingwirelessnetwork [accessed 13 January 2011].

名词索引

原著索引/译文索引　译文页码

A

abstraction/抽象的　218-221,242

academic learning/传统理论知识　5-6

Academy for Practice-based Research in Architecture and Design（AKAD）/基于实践的建筑设计研究学院（简称 AKAD）　41

accreditation/认证　11

Ackoff，R. /艾柯夫 R.　116

action research/研究活动　122

Adaptive Pneus/自适应充气系统　204

add-ons/附加层　195

Addington，M. /艾丁顿 M.　142

advanced Architectural Design（aAD）/高阶建筑设计　75

aesthetics/美学　28

affordances/情境支持　242-244,245

'African Clouds over the Oslo Opera'/奥斯陆歌剧院上空的非洲云　244

Africans/非洲人　237-238,241,244

agency; performance-related architecture; transdisciplinarity/机构; 性能相关的建筑设计; 跨学科　13,17,28,30;132,133,150;57

Agora/阿戈拉　97

Airborne/空气传播的　212

AKAD/基于实践的建筑设计研究学院　42,44,46

Åkesson，T. /埃克森　82

Alexander，C. /亚历山大 C.　113,120

algorithms/运算法则　173

alienation/失去　55

Allen，S. /艾伦 S.　17

Altshuller，G. /阿奇舒勒 G.　173,177

alumni/alumnae/校友　41,42,68

Ambient Amplifiers Project（一个设计项目的名称）　118,127

Anderson，S./安德森 S. 13

Andresen，R./安德森 R. 105

animal behaviour/动物行为 171,177,178

anisotropy/各向异性 160

anomie/混乱 71

Antarctic/南极 102

Apollo program/阿波罗计划 133

Apple App/苹果的应用程序商店 236,243

applications（apps）/应用程序 236-238,240,241,243,247,251

apprenticeships/学徒,学徒式 61,68,74

Arabs/阿拉伯人 89

Archen/亚琛（德国） 202

architectonics/建筑学 26,29,30

architects；Belgium；biology；communication design；complexity；lines of dissent；methodology；Norway；OCEAN；performancerelated architecture；reform；research implementation；transdisciplinarity；wireless networks/建筑师；比利时；生物学；交互设计；复杂性；分歧线；方法论；挪威；OCEAN（一个设计学会的简称）；性能相关的建筑设计；改革；研究与实现；跨学科；无线网络 1,5,39；44,68；169-179；239；92；13；69；39；95-97；130,134,136；78-79；167；57,59-61；265

Architectural Association（AA）/英国建筑联盟建筑学院（AA） 16-17,95,98,217

Architectural Inquiries/建筑调查 44

Ardhi University/Ardhi 大学 88

Arduino/Arduino（一个软件平台） 257

Arets，W./阿雷茨 W. 38

art history/艺术史 35

artefacts/人造物 36,85,88-89,122

Articulated Envelopes/铰接外表面 107

artistic research/艺术研究 41-42

arts；Belgium；communication design；Netherlands；Norway；transdisciplinarity；wireless networks/艺术；比利时；交互设计；荷兰；挪威；跨学科；无线网络； 2,6,29,35；44；240；38；40,55,59；257

arts and crafts movement/工艺美术运动 68

Association for Architectural Research/建筑研究协会 41

asymmetry/不对称　176-177

atelier model/工作室模式　59,67-80

atomic bombs/原子弹　7

augmented infrastructure/扩展基础设施　220

AUSMIP program/AUSMIP 项目　71,75,78

Austin，J.L./奥斯丁 J. L.　131

Australia/澳大利亚　51-53,55,58-59,64

Australian National Innovation System Review（NISR）/澳大利亚国家创新系统　52

Australian Research Council/澳大利亚研究理事会　52

Australian Research Quality Framework（RQF）/澳大利亚研究质量评估体系（RQF）　58

autonomy/自主性,独立性　26,29,74

auxiliarity/辅助性,更新性　134-140,142,150,155,158,167

Auxiliary Architectures/更新性建筑学　107,123,127,158-160,167

avant garde/先锋　13,21,34,70

Azavedo，R./阿兹瓦尔多 R.　215

B

Bagamoyo/巴加莫约(坦桑尼亚城市)　82,89

Bakhtin，M./巴克廷 M.　84

Barely/Barely(项目名称)　97

Barrett，N./巴雷特 N.　97-98,107

Bateson，G./贝特森 J.　29-30

Bath/巴斯(英国城市)　61,172

Baudrillard，J./鲍德里亚 J.　26

beavers/海狸　171,177-178

Belgium/比利时　33-34,44-77,68,71

Bell，G./贝尔 G.　264-265

Benetton HQ/贝纳通 HQ　206,213-215

benign problems/其他问题　54

Berkley Institute of Design/伯克利设计中心　53

Berlage Institute/贝尔拉格研究所　39

Berlin/柏林(德国)　44,47

best practice/最佳技术路线　174

Bettum，J./贝特姆 J.　99

bio-inspired design/仿生设计　166

Biological Systems Analysis course/生物系统分析课程　165-166

biology；architects；performance-related architecture/生物学；建筑师；功能相关的建筑设计　1,28,115,161-162；169-180；133

Biomapping Project/生物地图项目　240

biomimesis/仿生学　17,97,166,170-171,173-178

biomorphic design/仿生形态设计　169-170

bionics/仿生学　166

biosciences/生物科学　67

biosphere/生物圈　114

BioTRIZ/生物 TRIZ　177

blackboxing/黑箱　255

Blast Theory/爆炸理论　241

Bluetooth/蓝牙　235,255

boat-building/造船　185

bodies of knowledge/知识本体　11-31,51,85

Bologna/博洛尼亚　44,47

Bondo/邦度　85

borderless/无边界　85

botany/植物学　169

boundaries/边界　122,142,150

branding/品牌化　16

Brundtland Commission/布兰德委员会　86

Brussels/布鲁塞尔　44,67,74-75,77

Building Information Management/建筑信息管理　204

built environment/建筑环境　113-116,131,150

Burke, K. D. /波克 K. D.　131

Burra Charter/巴拉宪章　87

Burry, M. /巴瑞 M　51-66,97

bus-routes/公交线路　78

business/商业　7,60

C

caddis lava/石蚕幼虫　172-173

cafés/咖啡馆　254

canonical studies/权威研究　5

capitalism/资本主义　16

Cartesian Coordinates/坐标值　187

Castells，M./卡斯特 M.　113

Castro，E./卡斯特罗 E.　217-232

Central Caravan Route/中心商队路线　89

Centre for Urban Studies/城市研究中心　153

challenges/挑战　51-66

Chalmers，M./查尔莫斯 M.　256

Chalmers University of Technology/Chalmers School of Architecture/查尔莫

斯技术大学／查尔莫斯建筑学院　41-42,44

Changes of Paradigms/范式的转变　84

Channelling Systems/引导系统　115

Charter of Transdisciplinarity/跨学科宪章　130,132

chemistry/化学　178

Chiba University/千叶大学（日本）　76

China/中国　177,195,223,230

Chronopolis symposium/"Chronopolis"民间社团讨论会　77

civil engineering/土木工程　223

civil society/民间社团　86

classicism/古典主义　28

climate classification/气候分区　153

climatic modulation/气候调节　135-141,142

closed systems/封闭系统　7-8

cloud computing/云计算　242,244,248

clustering/汇集　35

Coenen，J./科南 J.　92

cognition modes/认知模式　36

cohesion/衔接　56-57

collective creativity/intelligence/集体创作力/智慧　53-59

Cologne/科隆　95-96

colonialism/殖民主义　90

commissions/委员会　41,86,97

Communication (by) Design/设计传达　45

communication design/交互设计　45,235-252

competitions;design practice;landscape urbanism/竞赛;设计实践;景观都市

主义 95,101-102,191,194;213;219,222,225

complexity;interviews;landscape urbanism;performance- related architecture; relational practice;research implementation;systems-oriented design;TRIZ system;wireless networks/复杂性;采访;景观都市主义;性能相关的建筑设计;相关性实践;现实研究;系统导向设计;TRIZ 系统;无线网络 81-94,113-115,150;208,212,215;220,223;133-134;181,184,194;154,160,167;116-117,120;175;263-264

composition/创作 36

compost/混合物 178

computational mapping/计算机绘图 101

computational modelling/计算模型 36,154,160,205,215,242

computer modelling/计算机模型 154,160

computer programming/计算机程序 247

computers/计算机 242,254-255,264

conferences/会议 34-35,37-39,44,85-86

Conklin, J./科林 J. 54,57

conservation/保护 81,87-88,91

consolidation/统一 176

construction industry/建筑行业 18

construction materials/建筑材料 4,178,185

constructive realism/建构实在论 4

Contradiction Matrix/矛盾矩阵 177

conventions/公会 55

Conversation with a Young Architect/与一位年轻建筑师的谈话 214

Cooperative Research Centre (CRC)/合作研究中心 60

corporations/公司 6

cost-benefit analysis/成本效益分析 78

craftsmanship/建造工艺 153,167

Craig, S./克雷格 S. 177

Crang, M./克朗 M. 264

creativity/创造力 59

Cretaceous-Tertiary (K-T) discontinuity/白垩第三纪(K－T)时期 169

crickets/蟋蟀 172

critical mass/关键案例数量 47

Critical Systems Thinking/系统化思考 120

critical theory/批判理论 13,18-19,26,221

critiques/批判 7

cross-disciplinarity/交叉学科 57-58,61

crowd management/人群管理 123

Crystal Palace/水晶宫 170

cultural identity/文化特征 239-243,247

Cutler，D./卡特 D. 52

cybernetics/控制论 56,181

cyberspace/虚拟空间 13,239

D

D-School/设计学院 53

Dar es Salaam/达雷斯 萨拉姆 89

Datascape/数字空间 249

De Landa，M./德 兰达 M. 185

deadlines/最后期限 8

Deccan Trap/德干火山喷发 169

deconstruction/解构 27

Deep Ground/厚土 222-225,230

deep planning/进深平面 102-103

deep-systems approach/纵深系统方法 167

Deichmanske Library/Deichmanske 图书馆 103,105-107

Deichmanske Media-stations Project/Deichmanske 媒体站项目 103-105

Deleuze，G./德勒兹 G. 11,29-30,113

Delft/代尔夫特 38,46,92

Delirious New York/狂乱的纽约 37

denial/否定 58

Denmark/丹麦 57

deregulation/管制取消 37

Derrida，J./德里达 J. 28

desegregation/区分 142,146,158

design research/设计研究 1-31,73-74,78

Design Research Association/设计研究学会 97

Design Research Institute (DRI)/设计研究所 52

Design Research Laboratory (DRL)/设计研究实验室 16

design science/设计科学 13

design techniques/设计方法　219

design tools/设计工具　81-94

Designing Time/设计时间　118

developers/开发商　232

developmental processes/发展过程　241-242

digital footprints/数字信号　261

digital media/数字媒体　235

Digital Morphogenesis/数字形态构成　98

dimensionality/维度　176

diplomas/学位证书　17,72-73

disciplinarity/学科　17,21-31,33-34,39-40,53-55

discipline silos/纪律仓筒效应　53-55,58,60

Discours admirable/令人敬佩的规训　6

discourses/论述　263-265

discovery/发现　4-5

dissent/分歧　13-20

diversification/多样　111,116,176

diversity;biomimesis;communication design; landscape urbanism; reform/多
样性;生物拟态;交互设计;景观都市主义;改革　55,62,71,88;177;249;222,
227;79

DNA/DNA　175

doctorates/博士学位　36-42,44-47,62,81,97

doctrina/教条主义　6

doctrine/教义　5-6

documentation/记录　85,8-90

dogma/条条框框　104,108

dominant discourse/主流观念　21

Dourish,P./德力西 P.　264

dramaturgy/演绎法　131

Dreyfus,H.L./德莱弗斯 H.L.　120

Dreyfus,S.E./德莱弗斯 S.E.　120

Dunin-Woyseth,H./杜宁-沃塞思 H.　33-49,85

Dunne,A./唐恩 A.　256

Dutch modernism/荷兰现代主义　37-38

E

earthquake-proofing/抗震　177

East/东方　67

East Africa/东非　82,85,88,90

East African Urban Academy/东非城市学会　85

École des Beaux Arts/学院派　68

ecology; biology; communication design; design; landscape urbanism; performance- related architecture; relational practice; research implementation; systems- orientated design/生态学;生物学;交互设计;设计;景观都市主义;性能相关的建筑设计;相关性实践;现实研究;系统导向设计　28-29,87,116; 171;239;11-31;217-218,222,229-230;133-134,136;185;167;125

economics; landscape urbanism; performance-related architecture; relational practice; systems-oriented design/经济学;景观都市主义;OCEAN(一个设计学会的简称);性能相关的建筑设计;相关性实践;系统导向设计　7,69-70, 86-87,115;218;101;131,134,136;,197;115,121,125

ecosystems/生态系统　169

education; arenas; Belgium; challenges; communication design; complexity; levels; Norway; OCEAN; professional practice; research implementation/教育;领域;比利时;挑战;交互设计;复杂性;水平;挪威;OCEAN(一个设计学会的简称);专业实践;现实研究　5,11,16,31;37;44-46;51-66;242;82-84;86; 47;39-40,46;97;67-80;167

educators/教育理论家　1

Eiffel Tower/埃菲尔铁塔　170,177

Eisenman, P./艾森曼 P.　118

electromagnetics/电磁　254,263

electronic narrative/电子叙事性　239

embedded practice/嵌入式实践　62

emergence/显露　17,21,127

Emerging Technologies/新兴技术　16-17

emissions/排放　78

empiricism/经验性　185

energy/能源　174,176-178,181,195

engineering; landscape urbanism; performance-related architecture; reform/工程;景观都市主义;性能相关的建筑设计;改革　17,21,52,67;223;133, 150;72

engineers; interviews; relational practice; TRIZ system/工程师;采访;相关实

践；TRIZ 系统 4,58,61-62,169-170;215;193-194;173-180

England/英格兰 97

Enshigra，S. /英施格拉 S. 215

entrepreneurship/企业 62

environmental crises/环境危机 70

environmental design/环境设计 17

environmental studies/环境研究 67

Erasmus programme/Erasmus 项目 75

erasure/取代 27

essentialism/本质 21

Europe/欧洲 33,44-45,67-68,71-72,96,169

European Union (EU)/欧盟 68,71

Europeans/欧洲人 89

evaluation/评估 86

evolutionary theory/进化论 182

excellence/优秀 51

Expert Advisory Group Working Group Paper/专家咨询工作小组论文 58

explorative Architectural Design (eAD)/探究型建筑设计 73

Explorative Architecture Project/"探究性建筑"项目 44

Expo Pavilion/世博会展馆 181-184,193-198

extended thresholds/边界扩展 137,142,150

external partners/外部合作者 59-60

extinction/灭绝 169,170

F

fabricators/制造商 215

Facebook Mobile/Facebook 移动(一款应用程序) 240

facilitation/促进 51-66

facts/事实 7-8

Faghih，N. /法基赫 N. 202-204,214

Farming/农业 72

Fathy，H. /法蒂 H. 142,148

feedback mechanisms; design practice; relational practice; wireless networks/反馈机制；设计实践；相关实践；无线网络 172,219,223,181,254；255,265

feudalism/封建 67

Fibercity/纤维城市 77-78

fiction/小说 21,26,30

field studies/fieldwork/现场研究 82,88,259-263

field-specific design/专门领域设计 39

Finland/芬兰 57

first degree auxiliarity/第一层次辅助 135,158

First World Congress of Transdisciplinarity/第一届多学科交叉学术交流会议 130

The Five Senses/五种感官 185

Forest Management/森林管理 72

forestry/林业 162

form/形成,形式 142-146,150,181,184,189,212,221-222

FormAkademisk/FormAkademisk 期刊 41

formalism/形式主义 13

FormZ/FormZ(一款 3D 绘图软件) 187

Foucault,M./福柯 M. 30

Foursquare/Foursquare(一款网络客户端应用程序) 241

fragmentation/碎片化 56,64,92,264

Frampton,K./弗兰普顿 K. 13,17

Frayling,C./弗瑞林 C. 36-37

free inquiry/自由探讨 7

free market/自由市场 221

frontality/立面 4

function; communication design; design practice; landscape urbanism; relational practice/作用;通信设计;设计实践;景观都市主义;相关实践 142-146,150,171,178;240;220;226-227;185,194-195,199

Functionalism/功能主义 90

funding/资助 6,51,54,55,58,60,62

G

GAFA/广州美术学院 197

Galani,A./加拉尼 A. 256

gametes/配子 169

gaming/游戏 236,239,241

Gaudi,A./高迪 A. 154

generative methods/衍生法 114

genre/流派 248

gentrification/中产阶级化　121

Geographical Information System/地理信息系统　91

geology/地质学　114,169,222

geomorphology/地貌　171

Gerhardt，J./格哈特 J.　256

Gharleghi，M./格里高利 M.　201-205

Ghent/根特（比利时城市）　44

Gibbons，M./本斯 M.　34

GIGA-mapping/巨量信息图法　121-123

Gilbreth，F./吉尔布雷思 F.　258

Glanville，R./格兰维尔 R.　56,120

global economy/全球经济　16

Global Positioning Services（GPS）/全球定位服务　235,237,240-244,248,254-255

globalization/全球化　16,81,84,87,113

Goffman，E./戈夫曼 E.　131

Gombrich，E.H./冈布里奇 E.H.　35

Google Maps/谷歌地图　242

Goteborg/Gothenburg/哥德堡（瑞典城市）　41,81,85

Gottlieb，S./戈特利布 S.　84

Graduate School of Frontier Sciences（GSFS）/前沿科学研究生院　67,79

graduate studies；OCEAN；practice-based research；professional practice；transdisciplinarity/研究生的工作；OCEAN（一个设计学会的简称）；基于实践的研究；专业性实践；跨学科研究　6-7,11,13,16-17；95,98；39；67-68,71-72,74,78；64

grafting/移植方法　114

grants/资助　54,60

Graz Technical University/格拉茨技术大学　211

Greenfield，A./格林菲尔德 A.　246

Grillner，K./格里讷 K.　41-42

Grooteman，L./格鲁特曼 L.　96

Grounded Theory/扎根理论　91

GroundLab/GroundLab（一个建筑事务所）　217-234

Guangzhou/广州　197

Guattari，F./加塔利 F.　29-30,113

guilds/公会　55,60

H

hardware/硬件　240

Harvard/哈佛　214

Healing Architecture/康复建筑　89

Hegel, G. W. F. /黑格尔 G. W. F.　173

hegemony/霸权的　17

Heisenberg，W. /海森伯格 W.　7-8

Helsinki/赫尔辛基　95-96

Hensel，D. S. /亨泽尔 D. S.　95-112,125

Hensel，M. U. /亨泽尔 M. U.　16,95-112,114,125,129-152,153-168,201-216

Hertzian space/赫兹空间　256

Hesselberg，I. /赫塞尔伯格 I.　124

Heterogeneous Envelopes and Grounds/异质围护结构与不均匀地形　98

heuristics/启发　131,248

HfG Offenbach/奥芬巴赫设计学院　104

Hight，C. /海特 C.　11-32

Hillier，B. /希利尔 B.　84

history/历史　33,140,153,169,215

Hladik，P. /赫拉迪克 P.　97-98

Hogeschool voor Wetenschap & Kunst/科学与艺术学院　85

Holz/霍尔茨　193

horticulture/园艺　170

Huazhong University of Science and Technology/华中科技大学　197

human-computer interaction（HCI）/人机交互　264

humanism/人文主义　27,239

humanities; communication design; OCEAN; performance-related architecture/人文学科;通信设计;OCEAN(一个设计学会的简称);性能相关的建筑设计　44,70,72;242;95-96;130-133

Humboldt，W. von/洪保德 W. von　5

Hunch/预感　39

hygroscopy/吸湿性　160

I

IBM Building/IBM 大楼　177

idealism/唯心主义　30

identifiers/标识符　242-243

ideology/意识形态　27,31,69,116

imagination/想象力　2-3

immanence/内在　29

Imperial College/帝国理工学院　53

Implementation/《实施》　241

implementation/实施　153-168,177-180

Indian Ocean/印度洋　88

Indians/印度　89

industrial design/工业设计　17

Industrial Design Engineering (IDE)/工业设计工程　53

Industrial Ecology/工业生态学　116

industrial revolution/工业革命　78

industrialization/工业化　6

information/信息　174,176-177,182,195,197,220,239-240

information economy/信息经济　11,13

information technology (IT)/信息技术　13,36

infrastructure; communication design; landscape urbanism; wireless networks/基础设施;通信设计;景观都市主义;无线网络　22,183,219-220,222;239,241;229-230;254,262-264

innovation; arenas; Australia; Belgium; complexity; creativity; ecology; exchanges; interviews; lines of dissent; Mode; Netherlands; OCEAN; Sweden; systems-oriented design; transdisciplinarity/改革;竞技场;澳大利亚;比利时;复杂性;创造力;生态学;交换;采访;分歧线;模式;荷兰;OCEAN(一个设计学会的简称);瑞典;系统导向设计;跨学科　9,21;37;52-53;47;86,92;59-60;11;71;215;13,16,21;35;47;104,107;44,46;113,121-122,127;52

Institute of Architecture/建筑学院　153

Institute of Design/设计学院　153

Institute of Form，Theory and History/形式、理论和历史学院　153

Institute for Lightweight Structures/轻质结构团队　140

Institute of Urbanism and Landscape/城市规划与景观学院　153

institutions; complexity; OCEAN; professional practice; reform; research implementation; systems-oriented design; transdisciplinarity; wireless networks/机构;复杂性;OCEAN(一个设计学会的简称);专业实践;改革;研究

成果实施;系统导向设计;跨学科;无线网络　6-7,39-40,42,53;77,80;96-97;107;67;71;167;113-114;62;255,259

instrumentalism/工具主义　13

Integrated Environmental Design Program（IEDP）; integration levels; Intentions and Reality in Sustainable Architectural Heritage Management/集成环境设计项目组（IEDP）;集成层级;可持续建筑遗产管理中的意图和现实性　72,76-77;181-182,195-196;88-89,91

interdisciplinarity; complexity; OCEAN; performance-related architecture; relational practice/跨学科;复杂性;OCEAN(一个设计学会的简称);性能相关的建筑设计;相关实践　17,57-62,64;85,87;98;130,133-134;185,198

interfaces/界面　242-243

interior architecture/室内建筑学　68,97

interior design/室内设计　68

internationalization/国际化　69,71,75-78

internet/互联网　17,62,107,254-255

interviews/采访　201-215

invasive species/入侵物种　171

Inventive Principles/发明创造原则　173-175

investment/投资　71

iPhone/iPhone(手机品牌)　237,244

Iran/伊朗　135,214-215

irrigation/灌溉　135

Isfahan/伊斯法罕(伊朗城市)　135

Islamic architecture/伊斯兰建筑　142,146,213-214

Isler，H./伊斯勒 H.　154

J

Jacob，F./雅各布 F.　181

Japan/日本　7,67,69-73,75,78,177

Jarman，R./贾曼 R.　256

Jeronimidis，G./杰洛尼米蒂斯 G.　97

Johansson，E./约翰森 E.　125

Jonas，W./乔纳斯 W.　120

journals/期刊/杂志　41-42,46,132

Just Eating The Progressing/Just Eating The Progressing(项目名称)　241

K

Kant，I. /康德 I.　28,30

Kashiwa-No-Ha/柏之叶片区（日本柏市的一个区域）　76

Kenkyushitsu research unit/研究室　67-80

Kenya/肯尼亚　82,85,88-89

key frames/关键框架　123

Keynes，J.M. /凯恩斯 J.M.　71

Khaju Bridge/哈鸠桥　135-136

Kipnis，J. /基普尼斯 J.　16,32,100,104,107

Kisumu/基苏木（肯尼亚城市）　82,85,88,90-91

Knippers，J. /尼佩斯 J.　195

knowledge fields/知识范围　116

Koechlin，M. /凯什兰 M.　170

Königs，U. /克尼格斯 U.　95

Koolhaas，R. /库哈斯 R.　37

Köppen Geiger climate classification/柯本气候分类法　153

Kragerø/克拉格勒　105

Kropf，R. /克洛普 R.　181

KTH School of Architecture/瑞典皇家理工学院斯德哥尔摩校区建筑系　42

L

Lakatos，I. /拉卡托斯 I.　13

Lamu/拉穆岛（肯尼亚城市）　88

landscape design/景观设计　96

Landscape Urbanism/景观都市主义　16,217-218,223

Latour，B. /拉图尔 B.　263

Latvia/拉脱维亚　240

Lawson，B. /劳森 B.　36

Layar/Layar（一款手机浏览器）　240

Le Corbusier/勒 柯布西耶　5

Leatherbarrow，D. /莱瑟巴罗 D.　1-10,134-135,148

Leuven University/鲁汶大学　68

liberalism/自由主义　69,71

Lienhard，J. /林哈德 J.　195

life expectancy/预期寿命　70

life worlds/生活世界　29

light painting/光绘(一种摄影技巧) 258-259

lines of dissent/分歧线 13-21

literature/政治小说,文学 26,27,44

Ljubljana/卢布尔雅那(斯洛文尼亚共和国首都) 95-96

locative media/场所知觉媒体,定位媒体 235-244,247-249

logic/逻辑 5,9

London/伦敦 9,98,181,217

London Design Festival/伦敦设计节 212

long-exposure photography/长时曝光摄影 253,257-262,263

Longgang/龙岗(中国深圳) 223,225,230

Longgang River/龙岗河(中国深圳) 227,229-230

Los Angeles/洛杉矶 241

Loudon,J.C./劳登 J.C. 170

Lu,P.J./彼得·J·陆 214

ludic cities/顽皮都市 241

Lund University of Technology (LTH)/隆德工业大学 41,82

Lyse Fjord/吕瑟峡湾 191

M

Maastricht University/马斯特里赫特大学 134

McCartney,K./麦卡特尼 K. 85

McCullogh,M./马克库洛 M. 264

Magnetic Movie/磁场电影 256

Mainsah,A./门萨 A. 235-251

making disciplines/形成学科 39-40

making professions/制作学科 84-85

Man-Made Environment/人造环境 72

map modes/地图模式 243

marginalization/边缘化 56

Markers of Identity (MOI)/身份标识 243

Martens,P./马顿斯 P. 134

Martinussen,E.S./马丁努森 E.S. 253-266

Marxism/马克思主义 27

Maseno/马塞诺(肯尼亚) 85,88

mashrabiyas/雕刻窗(传统的阿拉伯建筑元素) 142

materialism/唯物主义;物质;物质性 11,13,17,30

mathematics/数学　7-8,78,131,204,206,214,215

mechanics/力学定律　7-8

media cities/媒体城市　238

mediation/媒介　238-239,247,264

mediators/调解员;中介物;中介　79,176,219

Meiji Reformation/明治维新　67

Melbourne/墨尔本　51

Menges，A./门杰斯 A.　104

mentoring/指导　60

meta-mapping/元映射　89

metabolism/新陈代谢　218

metanarrative/元话语　243

metaphysics/形而上学　28

meteors/流星　169

methodology；landscape urbanism；OCEAN；performance-related architec-
ture；professional practice；systems perspectives；systemsoriented design/方
法论;景观都市主义;OCEAN(一个设计学会的简称);性能相关的建筑设计;
专业实践;系统论观点;系统导向设计　38,45,58,69;217,223;97,101-102;
129,134,150;72-73,78;120;120,123

Mexico/墨西哥　169

Micallef，S./米卡莱夫 S.　241

Michel，J./迈克尔 J.　85

micro-climatic modulation/微气候模型;微气候;微气候调控　142;143-146,
150

migration/移民　81,217,237-239,244

MILK Project/MILK 设计项目　240

Millennium Programme/千禧年计划　40

milling process;milled process/铣削过程;加工　188-189,194

Miniøya festival/儿童音乐节(每年在奥斯陆举行的一个音乐文化节)　123,
124,127

misapprehensions/误解　169-170

mission statements/理念阐述　52

MIT MediaLab/MIT 媒体实验室　53

Mitchell，W.J./米切尔 W.J.　239-240,256

Mithassel，R./米赛尔 R.　103,105

Mitsui Real Estate Company/三井房地产公司　76

Mji Mkongwe/石头城(坦桑尼亚)　88

mobile devices/移动设备　254,257

mobile fiction/移动文化　236

mobile technology/移动技术　235,243-244

Mode 1/模式 1　34,85,87,91

Mode 2/模式 2　34,85,87,91

Mode 3/模式 3　85,87,89

modelling;landscape urbanism;parametric;performance-related architecture;relational practice;research implementation;systemsoriented design;transdisciplinarity/模拟;景观都市主义;参数化;;性能相关的建筑设计;相关实践;研究成果实施;系统导向设计;跨学科　8,30,36,52;217;232;133;181-182,187-188,190,197,198;155,162;113-117;60

modernism/modernity/现代主义;现代化　4,17,27-28,37,67,69

modification/修改;更新　3-4,9,92,125,167

modulation/调节　142,50

monasteries/修道院　5

Montford，N./蒙特福德 N.　241

morphology/形态学　222,226

Morrison，A./莫里森 A.　235-252

Mostafavi，M./穆斯塔法维 M.　16

motivation/动机　237-238,244

multi-disciplinarity/多学科　57-58,60,62

Multiple Ground Arrangements/多地层布置　107

multiple readings/多个方案　55-56

multiverse/多元宇宙　249

Muntanola，J./蒙坦奥拉 J.　84

［murmur］/［murmur］(网站名称)　241

Murray，J./玛瑞 J.　240

MVRDV/荷兰的一个著名建筑设计事务所　37

N

Nairobi University/内罗毕大学　88

Najile，C./纳济勒 C.　17

Nara Document/奈良文件　87

NarraHand/一款手机应用程序　237-244,246-249

NASA/美国宇航局　133

natural selection/自然选择　174

neo-Gothicism/新哥特式运动　68

neo-liberalism/新自由主义　221

Netherlands/荷兰　33-34,37,39,95-96,240

network material/网络材料　253-267

Network Society/网络社会　113

Network for Theory, History and Criticism of Architecture (NETHCA)/建

筑历史、理论与批判主义网络　44-45

new materialism/新唯物主义　11

new urban discourse/"新的"都市论点　221-222

New York/纽约　101,102

New York Times/纽约时代(大厦)　101

Newton, I./牛顿 I.　7-8

Nilsson, F./尼尔森 F.　33-50,85

Nokia N95 handset/Nokia N95 手机　237,243

Nold, C./诺尔德 C.　240

Non Uniform Rational B-Spline (NURBS)/非均匀有理 B 样条曲线　188

Nordic Association for Architectural Research/北欧建筑研究协会　41

Nordic Journal of Architectural Research/《北欧建筑研究杂志》　41

The Nordic Reader/北欧读者(期刊)　85

normativity/规范;标准性　11,17,21,20

34 North 118 West/34 North 118 West(网站名称)　241

North America/北美　217

Norway; communication design; Ministry of Agriculture; Network; O-
CEAN; Pavilion; performance-related architecture; relational practice; Tim-
ber Research Institute/挪威;通信设计;农业部;网络;OCEAN(一个设计学会
的简称);展馆;性能相关的建筑设计;相关实践;木材研究所　33-34,39-41,
46-47,97,248;162;201;39;104-107;201-202;194-198;153,160,167;191,194-
195,197;187

Nougire, E./诺格尔 E.　170

noumena/本体　29

Nowotny, H./诺沃特尼 H.　85

Nyanza, Lake/尼亚萨湖(非洲东南部)　82

Nygaard, M./尼嘉德 M.　167

Nyström，M. /尼斯特罗姆 M.　82

O

obstacles/困难　53-58

OCEAN Design Research Association/OCEAN 设计学会　96,115

OCEANNORTH/OCEAN NORTH（在原 OCEAN 基础上,由科隆、赫尔辛基和奥斯陆的三个组织联合组成的一个设计学会）　95-111

Ohno，H. /大野 H.　67

Ohno Laboratory/大野实验室　77

Old Stone Town/石头城　88-89

OMA/OMA（大都会建筑事务所的简称）　37

open systems/开放系统　7

Operational Fields/操作范畴　174

Ordering Chaos/有序化　89

orientation/朝向　4

origins/起源　171-173

Oslo；Centre for Design Research；Millennium Reader；Opera；wireless networks/奥斯陆;设计研究中心;奥斯陆千禧读者;歌剧;无线网络　95-96,235-236,237-238,240;153;84-85;235,244,247;260

Oslo Centre of Critical Architectural Studies（OCCAS）/奥斯陆批判建筑学研究中心　153

Oslo National Academy of the Arts（KHiO）/奥斯陆国立艺术学院　261

Oslo School of Architecture and Design（AHO）；performance-related design；research implementation；systems-oriented design；wireless networks/奥斯陆建筑与设计学院;性能相关的建筑设计;研究成果实施;系统导向设计;无线网络　40,47,104,120;136,153;153;123;255,260-262

Otto，F. /奥托 F.　134-136,142,152,158

Our Common Future/我们共同的未来　86

P

Palissy，B. /帕里希 B.　6

Pangani/潘加尼村　88

parametrics/参数化　21,232

Passage Project/"通道"项目　90

passwords/密码　255,261

Paxton，J. /帕克斯顿 J.　170

Pearl River Delta/珠江三角洲　223

pedagogy；complexity；professional practice/教学方法；复杂性；专业实践 81,83-84,87;73-74

Peeters，B./佩特斯 B. 67-79

Penrose patterns/彭罗斯模式 207-208,214

performance；architectural role；envelope；landscape urbanism/性能；建筑功用；围护结构；景观都市主义 4,131-134,152,208;98,148;16,17,217;98;223

Performance-oriented Design/基于"性能导向"理性的建筑设计 129

performative turn/范式的转变；范式变换 131,132

performativity/性能 26,218,249

periodicals/期刊/杂志 41

Perrault，C./佩罗 C. 5

Persian carpets/波斯地毯 214

PhDs；complexity；interviews；OCEAN；performance-related architecture；professional practice；research implementation/博士学位；复杂性；采访；OCEAN(一个设计学会的简称)；性能相关的建筑设计；专业实践；研究成果实施 39-40,48,64,67-68;81,88-89,92;208;97;136;75;153-154

philosophers/哲学家 6,34,131

philosophy/哲学 29,70,82,86,173,185

physicists/物理学家 7,142

physiology/生理学 166

Piano，R./皮亚诺 R. 177

Picasso，P./毕加索 P. 258

Pickering，A./皮克林 A. 131-132

pigeons/鸽子 172

pilot projects/studies/试点项目/研究 40,60

planning；communication design；complexity；landscape urbanism；performance-related architecture；permission；relational practice；systems-oriented design/规划；通信设计；复杂性；景观都市主义；以"性能为导向"的建筑设计；许可；相关实践；系统导向设计 3,8,71,78;242;86,87;223;134;167;181,198;113,116-117,123,125

plants/植物 173

platforms for communication/交流平台 246-249

playable stories/可玩的故事性 236,242,246

pneumatics/气动 203-205,210-213

point-clouds/点阵　187

Points of Interest (POI)/信息点　243

political science/政治科学　26

politics/政治　21,26,28,69,218,222

pollarding/截干　187

polymaths/博学者　51,59

polytechnics/科技专科学校;综合型大学　53,60-62

polyvocality/动态;多元声　235,241

population/人口　70

Portugal/葡萄牙　130

post-academic science/后学院科学　34-37,46

post-coloniality/后殖民性　238

Post-Fordism/后福特主义　17

post-graduate studies see graduate studies;PhDs/研究生;博士生

post-humanism/后人文主义　27

potential articulations/铰接潜力　248-249

Practice-Based Doctorates in the Creative and Performing Arts and Design/基于实践的创新、表演艺术与设计博士学位　36

practice-based research/基于实践的研究;基于实践的(设计)研究方法　33-50,254

pre-figuration/预见　36

pre-stress/预应力　176-177

Precisions/精确性　5

probability/或然性　7-9

problem-solving; biology; landscape urbanism; performance-related architecture; transdisciplinarity; TRIZ system/解决问题;生物学;景观都市主义;性能相关的建筑设计;跨学科;TRIZ 系统　9,17,35,53-55;173;223;133;61-62;173

processes/过程　181-182,199,218-223,242-243,258

production/最终方案　8-9,11,218-221

professional organizations/专业组织　34

professional practice/专业实践　5,67-78

profit/利益　97

progress reviews/进展审查　60

Progressive Architecture (PA)/建筑改革(期刊)　132

Project Area Definition（PAD）/项目区域定义　84

project making/设计方案的生成　8-9

projection/投射　8,13,36

Protetch，M./普鲁泰克 M.　102

prototypes；communication design；practice design；wireless networks/原型；通信设计；实践设计；无线网络　160,178,211,219；237,242；227；258

public sector/公共部门　60

Puga，D./普加 D.　125

Pulpit Rock Mountain Lodge/布道岩旅馆　181-182,191-194

Q

quality control/质量控制　174

quantum mechanics/量子力学　8

R

Raby，F./雷比 F.　256

radio frequency identification（RFID）/无线电频率辨识　235,256

radio waves/无线电波　254-255,261-262

Ramirez，A./拉米雷兹 A.　217-233

Ratatosk Pavilion/拉塔托斯克亭子　181-182,185-190

Ray，M./雷 M.　258

re-engineering/再加工　187

Reality Studio/Reality 工作室　81-94

recycling/循环　179

reflective practice/反思性实践　56,130-131

reflexivity/反射性　36,248

refurbishment/更新　125

reification/具体化　30

reimaging/重新生成影像　244-246

relational fields/相关领域　11-32

relational practice/相关实践　181-199

relativity theory/相对论　8

renovation of practice/创作实践　3

research/研究　2,3-9,72-75

research by design；arenas；communication；Conference；emergence；innovation；interviews；OCEAN Design Research Association；performanceoriented architecture；platforms；projects；reform；tracks/设计研究；竞技场；通信；会

议;出现;改革;OCEAN(一个设计学会的简称);性能导向的建筑;平台;项目;改革;追踪　75,81,84-86,87-91;37-45;52;38-39;33-50;1-3;201-216;95-111;129-152;1-10;73-74;74-76

Research Centre for Architecture and Tectonics/建筑技术研究中心;建筑和建构研究中心　136,153-168

Research Education Programme/研究教育计划　45

Research Training Sessions (RTS)/研究训练项目;科研训练会话　45,75

resistance/反对;阻力　13,17

Rettberg, S./雷特贝格 S.　241

Reuterswärd, L./鲁特施瓦德 L.　82

Rhino/犀牛(一款建筑设计软件)　187

rhizome model/"根茎"模型　113

Rio da Janeiro/里约热内卢　86

Rittel, H./里特尔 H.　54

Riyadh/利雅得(阿拉伯半岛中部的城市)　178

RMIT University/墨尔本皇家理工大学　51

Rodeløkka Project/Rodeløkka Project(项目名称)　118,127

Romans/罗马人　70

Rotterdam/鹿特丹　39

Royal College for the Arts (RCA)/皇家艺术学院　53

Russian language/俄语　173

Rust, C./鲁斯特 C.　36

S

Saba Naft/Saba Naft(伊朗的一个 B2B 贸易中心)　201,212-213,215

Sadar and Vuga Architects/萨达伏加建筑事务所　96

Sadeghy, A./萨迪西 A.　201-215

Sagrada Familia/神圣家族　177

St Lucas School of Architecture see Sint-Lucas University Brussels School of Architecture/圣卢卡斯建筑学院　44,45,85

San Antonio Declaration/安东尼奥宣言　87

Sassen, S./萨森 S.　87

satellites/人造卫星　256

Saudi Arabia/沙特阿拉伯　178

scaffolding/脚手架式的　248-249

scale; innovation; interviews; landscape urbanism; performancerelated architecture; relational practice; research implementation; wireless networks/尺度;改革;采访;景观都市主义;性能相关的建筑设计;相关实践;研究成果实施;无线网络　260,101,121,125;134;201,204;217-220,230;135;182;158;256

Scandinavia/斯堪的纳维亚　33,47,96,244

Scandinavian All Mans Right/斯堪的纳维亚人权法　125

Schodek，D./斯科台克 D.　142

scholarship/奖学金　45-48

Schön，D./舍恩 D.　56

Schumacher，P./舒马赫 P.　16

science fiction/科幻小说　26

sciences; arenas; ecology; methodology; modes of cognition; OCEAN; performance-related architecture; postacademic; relational practice; transdisciplinarity/科学;竞技场;生态学;方法论;认知模式;OCEAN(一个设计学会的简称);性能相关的建筑设计;后学院;相关实践;跨学科　1-2,5-9,11;37;18,28,29,116;69;36;97;73;34-35,46;185;64

The Sciences of the Artificial/人工科学　35

scientific method/科学方法　36

scientism/科学主义　26

screenwalls/遮板墙　142,146

scripting/脚本　241-244,246

seamful design/接缝设计　256

second degree auxiliarity/第二等级辅助性　135-142,158

security/安全　123,125

seismology/地震学　212

self-organising systems/自组织系统　114,115,117

semiotics/符号学　13,17,27

September/九月　8,102

sequence of events/序列　183-185

Serres，M./塞雷斯 M.　185

settings/环境　248-249,261-264

Sevaldson，B./塞万德森 B.　97-98,105,107,113-128

Shane，D./谢恩 D.　238

Shanghai Expo/上海世博会　181,193-198

Shanghai Jiao Tong Academic Ranking of World Universities/上海交通大学世

界大学学术排名　67

Sheldon，R. /谢尔登 R.　116

Shenzhen/深圳　223,225

shrinkage/紧缩　71,77-79

signal strength/信号强度　254,256-261

Simon，H. A. /西蒙 H. A.　35

simulacra/幻影　26

simulations/模拟　36

Sint-Lucas University Brussels School of Architecture/圣卢卡斯大学布鲁塞尔建筑学院　44-45,67-68,73,75,78-79,85

siting/定位　244-246

skilling；acquisition model；complexity；interviews；OCEAN 91；relational practice；research implementation；systems perspectives/技巧；获取模型；复杂性；采访；OCEAN(一个设计学会的简称)；相关实践；研究成果实施；系统观点　58-60,61,71,79；120；86；203；95；181；167；120

Small Building Project/小建筑　167

smartphones/智能手机　235,237,240,244,257-258,260

Snøhetta/Snøhetta(一家建筑设计事务所)　235

social media/社会媒体　235-236,238-240；248

social networking/社交网络　240

social sciences/社会科学　1,52,131-132

socialism/社会主义　69

Socio-Cultural Environmental Studies Department/社会文化环境研究系　72

soft powers/"软"实力　67

Soft Systems Methodology/软系统方法论　120,123

software/软件　8,61,203,240

Somol，B. /索摩迩 B.　13,21,26-28

Sorbonne/索邦学院　6

space/空间　173,175

Sparowitz，W. /斯帕诺维茨 W.　193

Spatial Information Architecture Laboratory (SIAL)/空间信息架构实验室　51-53,64

staff-student ratios/员工-学生比　59,61

staging/舞台　246-249

Ståhl，L. -H. /斯特尔　L. -H.　41-42

stakeholders/利益相关者 57,232

Stanford/斯坦福 53

Stangeland，S./斯坦格兰德 S. 181-199

state/国家 7,60

Steele，B./斯蒂尔 B. 16

stereotypes/刻板印象 238

Stockholm/斯德哥尔摩 41,185

Stone Town Conservations and Development Authority（STCDA）/石镇发展与保护局 88

structural engineers/结构工程师 58,215

Studio Integrate/Integrate 工作室 201-214

studio teaching/工作室教学 59,62,71

Stuttgart/斯图加特 140

substance/物质 174,176

survival/生存 169,171

sustainability；biology；biomimesis；complexity；interviews；landscape urbanism；performance-related architecture；relational practice；research implementation；systems-oriented design；TRIZ system/可持续发展；生物学；生物拟态；复杂性；采访；景观都市主义；性能相关的建筑设计；相关实践；研究成果实施；系统导向的设计；TRIZ 系统 26,64,81,84-88；171,178；177；92；211；229；135,136,150；193；153-155,158；113,125；173

Swahili culture/斯瓦西里文化 88,90

Sweden/瑞典 33-34；41-43；46-47；81-82

Swedish National Research Council/瑞典国家研究委员会 41

synergies；relational practice；systems- oriented design/协同效应；相关实践；系统导向设计 57,97,116,125；181,185,187；125

synthesis/综合 185

Synthetic Landscape/人工景观 101-102,114,115,118

Synthetic Landscape Project/人工景观项目 118

systems analysis/系统分析 162-166

Systems Architecting/系统架构 120

systems design/系统设计 105,113-128,248

systems theory/系统理论 131,133,150,158,173

Systems-oriented Design/系统论导向设计 98

Syversen，I. L./叙维森 I. L. 81-94

T

T-shaped profiles/T 型材　51

tame problem-solving/简单问题解决　53-54

Tanzania/坦桑尼亚　82,88-89

teamwork/团队合作　3,53,60-61

Technical University (TU) Delft/代尔夫特理工大学　38,45

technology; biology; biomimesis; communication design; methodology; network material; OCEAN; performance-related architecture; practice-based research; reform; relational practice; systems-oriented design; transdisciplinarity; TRIZ system; wireless networks/技术;生物学;生物拟态;通信设计;方法论;网络物质属性材料;OCEAN(一个设计学会的简称);性能相关的建筑设计;以实践模式为基础的研究;改革;相关的研究和实验;以系统为导向设计;跨学科;TRIZ 系统;无线网络　7,11,21;176-188;177;235-239,240-242,247-249;69-70;254;107;131;36;72,78;185;125;51,57-62;173-174;254-257,261,263-264

tectonics/建构　87,153

Teflon/特氟龙　195-196

termites/白蚁　171

Textopia/Textopia(网站名称)　241

The Architectural Intervention/建筑干预　38

Thickened Ground/厚土　222-224,230

Third Option/第三特权　87

Third World/第三世界　87

thresholds/边界　142-146,150

timber/木材　185,187,189,191,193

Time Capsule Project/时间胶囊项目　101-102

timeframes; biology;practice design; relational practice; systems- oriented design/时间表;生物学;设计实践;相关性实践;面向系统设计　3,73,115;173,175;223;181;123

Tokyo University/东京大学　67,72-73,76,78-79

Tongji/同济　197

tool sets/工具　55

touch technology/触屏技术　238

Towards a Disciplinary Identity of the Making Professions/面向专业制作的学科定位　84

tracks/路径（原文：策略） 74

trade routes/贸易路线 89

Trans-Disciplinary Sciences/跨学科 67

transcendental idealism/先验理想主义 30

transdisciplinarity；challenges；communication design；complexity；landscape urbanism；OCEAN；performance-related architecture；research implementation/跨学科；挑战；通信设计；复杂性；景观都市主义；OCEAN；建筑与性能；研究成果实验 17,31,34-35,39-40;52;242;81,85,88;223;95,97,111;129,131;160

transformation；communication design；relational practice；wireless networks/改造；交互设计；相关实践；无线网络 87;239,247;194;263

translation effort/翻译工作 183

trees/树 173,179,183,185,187-189,194-195

Trefokus/Trefokus（公司名称） 162

tripods/三角架 27

TRIZ system/TRIZ 系统 177

Tsukuba Express line/筑波高速铁路 76

tuneable cities/可调谐的城市 256

Turko，J.P./特尔科 J.P. 97

Turner，V.W./特纳 V.W. 131

U

Ujiji/乌吉吉（印度城市） 89

UN-HABITAT/联合国人居署 81,88

uncertainty principle/测不准原理 8

Underskog/Underskog（网站名称） 240

UNESCO/联合国教科文组织 90

Ungudja Island/Ungudja 岛 88

United Kingdom (UK)/英国 53,61,85,172

United Nations (UN)/联合国 86

United States (US)/美国 87,132,134

universities；Australia；Belgium；complexity；Netherlands；rankings；reform；research platforms；Sweden；transdisciplinarity/大学；澳大利亚；比利时；复杂性；荷兰；排名；改革；研究平台；瑞典；跨学科 5-6,34,51-55;52,60;68;85;37;67;73,75;72;41;60

Unthinkable Doctorate/不可思议的博士学位 45,85

urban Architectural Design（uAD）/城市建筑设计　73,78

Urban Design Center Kashiwa（UDCK）/柏市城市设计中心　76

urban studies/城市学；城市研究　254；264

Urban-Agriculture/城市农业　72

urbanism/都市主义　17

urbanization/城市化　217,222-225,223

V

Valsiner，J./瓦西纳 J.　84

value systems/价值体系　69

Van Berkel，B./范 波克尔 B.　38,96

Van ，Eesteren C./范 伊斯特伦 C.　37

Van Lohuizen，T.K./凡 罗修珍 T.K.　37

Venice Charter/威尼斯宪章　87

Verebes，T./威尔博茨 T.　16,95

vernacular architecture/地域性建筑　135

Vico，G./维科 G.　4

Victoria and Albert（V&A）Museum/V & A 博物馆　182

Victoria amazonica/王莲　170-173

Victoria，Lake/维多利亚湖　81,90

Vincent，J./文森特 J.　169

virtual reality/虚拟现实　84

Vitruvius，M./维特鲁威 M.　28,29

Vuga，B./维格 B.　95

W

Waldheim，C./瓦尔德海姆 C.　17

Walker，J./沃克 J.　33,37,47

Wallner，F./沃纳 F.　4

Wasa Museum/瓦萨博物馆　185

Washington Charter/华盛顿宪章　87

waste control/废物控制　178

water management/水利管理　135

Water，Sanitation and Infrastructure Branch（WSIB）/供水、卫生和基础设施部　88

Web/网络　235,240,262

websites/网址

Weinstock，M. /温斯托克 M.　16

West/西方　67，214

What is Philosophy? /什么是哲学　29

Whiting，S. /怀廷 S.　13，21

wicked problem-solving/疑难问题　54

wikis/维基　242

wireless networks/无线网络　253-265

Wood Studio/木材研究室　160

World Carpet Trade Centre/世界地毯贸易中心　214

World Centre for Human Concerns/"人类关怀"世贸中心方案　102

World Heritage List/世界遗产名录　90

World Trade Center/世贸中心　102

World Urban Forum/世界城市论坛　86

World War II/第二次世界大战　7

Wuhan/武汉　197

Y

Yaneva，A. /亚涅娃 A.　249

YNOR/YNOR（公司名称）　103，105

YOUrban/YOUrban（项目名称）　265

Z

Zanzibar Stone Town/桑给巴尔石头城　89

Zayandeh River/Zayandeh 河　135

zoomorphic design/仿动物形态设计　169

译后记

　　人类社会发展已经进入了多元纷繁的 21 世纪,客观的物质世界和主观的意识形态都正在发生巨变,人类的总体思维方式和价值体系产生了根本性的转向。建筑作为物质元素、技术总载和社会表象,成为人类文明的首要要素。面对纷繁变化的建筑现象,传统的建筑设计方法遭受到巨大的挑战,设计研究(Research by Design)正是基于这个大背景下,探索了全新的设计模式与研究方法,全方位、多层面、多角度地整合了设计和研究,对我们面临的时代困惑予以了积极的回应。

　　在科技文明变革的整体背景下,建筑领域产生了一系列的巨大变化。加剧了建筑的复杂态势,同时技术观念也出现了分化与整合的趋势,传统的建筑学处于变革的十字路口。建造活动的各个环节阶段、各个分支领域都发生了根本性的转变:多学科的交叉不断融合了结构力学、材料技术及设备配套等领域的最新成果;数字技术在建筑全行业的应用彻底颠覆了传统模式;研究方法的变革也深刻地影响到建筑发展,比如系统科学、复杂性理论及管理科学等,作为软技术手段发挥了启示、程序、优化和效率的作用。

　　书中介绍了一些世界范围内的多个学会、组织机构和设计研究团队,团队成员包括城市、建筑、景观、室内设计和艺术领域内的专业人士。同时,从多学科协作、理论突破及数字化应用与生活等多个角度出发,介绍了这些团队在欧洲、澳大利亚、中国、日本等地区的一些具有代表性的项目,展示了前沿的环境分析方法、环境模拟手段和数字化科技应用。在此基础上提出了材料、构造与环境品质的技术逻辑,由此上升到对建筑的绿色低碳属性的关照,并展开了设计研究(Research by Design)与环境创作之间的全面探讨,具有先锋性和实验性,体现了前沿研究和未来的发展走向。

　　书中构建了设计研究(Research by Design)的理念,建立了从感性到理性,从定性到定量,从艺术到科学的通道和模式,架构了跨专业、多学科的横断剖面。将设计和研究充分契合,并有效地全面运用到从城市到居室空间中来,相信会对城市规划、建筑学、景观和艺术设计专业具有很大的帮助。

书中第 1 章至第 6 章由黄锰翻译,第 7 章至第 11 章由李光皓翻译,第 12 章至第 16 章及其他由展长虹翻译,陈琳、崔鹏、王姣、梅兰、方金、庞宏博、曹婷、刘芳芳、卡瓦(马拉维)、张秀芝、耿米娜(美国)等研究生及教师参与了部分章节的翻译与校订工作,在此一并表示感谢!本书得到国家自然科学基金支持(项目批准号:51478136),在此也表示感谢。

由于时间的原因及译者水平所限,一些内容的翻译肯定会存在疏漏、不足乃至错误,恳请读者批评指正。

译　者

2016 年 12 月